建筑工程技术专业精品课程配套教材
浙江省重点教材建设项目

建筑构造与识图

第 2 版

主　编　夏玲涛　邬京虹
副主编　潘俊武　李　燕
参　编　王志萍　黄乐平　蒋　蓓　姜　健
　　　　黄素清　刘　彬　徐利丽

机械工业出版社

本书共 5 个部分。绪论包括课程概述、课程作用、课程定位和教材特点。单元 1 基础知识，介绍了投影知识、建筑制图知识和房屋建筑基本知识。单元 2 建筑构造，介绍了基础、地下室、墙体、门窗、楼地面、屋顶、楼梯、变形缝等部分的构造知识。单元 3 建筑施工图识图，详细介绍了建筑总平面图、建筑设计总说明、建筑平面图、建筑立面图、建筑剖面图、建筑详图等的形成与作用、图示内容与要求，并以教学楼工程施工图为例介绍识读步骤。单元 4 基本训练，采用实际工程设置针对性、操作性强的实训任务，对学生应具备的建筑制图能力、构造设计能力、识图能力予以强化。

本书既可作为高职高专建筑工程类专业教材使用，也适用于建筑技术人员自学和参考。

为方便教学，本书配有电子课件及习题答案，凡使用本书作为教材的教师可登录机械工业出版社教育服务网 www.cmpedu.com 注册下载。咨询电话：010 - 88379375。

图书在版编目（CIP）数据

建筑构造与识图/夏玲涛，邬京虹主编. —2 版. —北京：机械工业出版社，2019.9（2022.9 重印）

建筑工程技术专业精品课程配套教材

ISBN 978-7-111-63913-8

Ⅰ.①建… Ⅱ.①夏…②邬… Ⅲ.①建筑构造-高等职业教育-教材②建筑制图-识图-高等职业教育-教材 Ⅳ.①TU22②TU204

中国版本图书馆 CIP 数据核字（2019）第 214578 号

机械工业出版社 （北京市百万庄大街 22 号 邮政编码 100037）
策划编辑：李 莉 责任编辑：李 莉 陈紫青
责任校对：刘志文 封面设计：鞠 杨
责任印制：任维东
北京玥实印刷有限公司印刷
2022 年 9 月第 2 版第 10 次印刷
184mm×260mm · 15.75 印张 · 8 插页 · 434 千字
标准书号：ISBN 978-7-111-63913-8
定价：45.00 元

电话服务

网络服务

客服电话：010-88361066 机 工 官 网：www.cmpbook.com

010-88379833 机 工 官 博：weibo.com/cmp1952

010-68326294 金 书 网：www.golden-book.com

封底无防伪标均为盗版 机工教育服务网：www.cmpedu.com

前　　言

"建筑构造与识图"作为土建类和工程管理类专业的一门专业基础课，目的是使学生掌握投影原理、建筑制图和房屋建筑的基本知识，掌握一般民用建筑的构造原理和常用构造方法，掌握建筑施工图的基本知识及识图方法，并在此基础上采用具体工程进行实训，培养学生的建筑制图能力、建筑构造基本设计能力、建筑施工图识图能力，为进一步学习建筑结构、建筑施工、建筑概预算等课程和以后的工作打下基础。

本书在编写过程中，以实用性、适用性、系统性为主旨，紧贴工程实际，采用国家最新标准规范，选用多套实际工程施工图，把理论知识与实际应用紧密相结合。本书共5个部分。绪论包括课程概述、课程作用、课程定位和教材特点。单元1基础知识，介绍了投影知识、建筑制图知识和房屋建筑基本知识。单元2建筑构造，介绍了基础、地下室、墙体、门窗、楼地面、屋顶、楼梯、变形缝等部分的构造知识。单元3建筑施工图识图，介绍了建筑总平面图、建筑设计总说明、建筑平面图、建筑立面图、建筑剖面图、建筑详图等的形成与作用、图示内容与要求，并以教学楼工程施工图为例介绍识读步骤。单元4基本训练，采用实际工程设置针对性、操作性强的实训任务，对学生应具备的建筑制图能力、构造设计能力、识图能力予以强化。

此次修订新增了投影知识章节中的案例资源，以三维的形式展现，更直观易懂，见后附"二维码清单"。

本书既可作为高职高专建筑工程类专业教材使用，也可作为建筑技术人员自学和参考用书。此外，本书也是2018年浙江省在线开放课程"施工图识读实务模拟"的配套教材。

本书由浙江建设职业技术学院夏玲涛和邬京虹任主编；浙江建设职业技术学院潘俊武和衢州学院李燕任副主编。全书由浙江建设职业技术学院徐哲民和陈氏凤主审。在本书编写过程中，编者得到了杭州恒元建筑设计研究院李欣、朱丽娜、高峰及浙江建院建筑设计院等诸多单位和专家的大力支持和帮助。同时，浙江建设职业技术学院的诸多同事也提供了资料和帮助，在此一并表示感谢。

编　者

二维码清单

组合体 1		组合体 7	
组合体 2		组合体 8	
组合体 3		组合体 9	
组合体 4		组合体 10	
组合体 5		组合体 11	
组合体 6			

目　　录

绪　　论

1. 课程概述

"建筑构造与识图"是一门既有理论学习又有实践训练的课程。理论学习主要包含三部分内容：一是有关投影原理、建筑制图和房屋建筑的基本知识；二是房屋建筑的构造原理及构造方法；三是建筑施工图的形成及作用、图示内容、图示要求，并引入工程案例进行建筑施工图的识图指导。实践训练主要设置了三部分内容：一是建筑施工图制图训练，二是建筑构造设计训练，三是建筑施工图识图训练。本课程教学安排由浅入深、循序渐进、理论与实践相结合，符合一般的认知规律。

2. 课程作用

通过本课程的学习，一是培养学生掌握投影原理、建筑制图和房屋建筑的基本知识，掌握房屋建筑的构造原理及构造方法，掌握建筑施工图识图的基本知识；二是培养学生的空间想象能力，建筑施工图的绘制能力，建筑构造的基本设计能力，建筑施工图的识图能力；同时，该课程也为后续课程的学习奠定了基础。

3. 课程定位

识读建筑施工图是建筑工程技术人员必备的基本能力，识图能力的高低反映对施工图理解和实施的水平，因此识图能力的培养直接关系到学生的就业竞争力和顶岗能力。本课程作为土建类和工程管理类专业的一门专业基础课，重在培养学生运用投影原理、建筑制图和建筑构造知识正确识读建筑施工图的能力，为学生职业能力的发展打下良好的专业基础。该课程的设置具有很强的实用性、必要性和重要性。

4. 教材特点

本教材与企业生产实际联系紧密，内容与现行规范贴合，将新工艺、新规范融入教材内容，新增 AR、VR 等信息化课程资源，为适合于线上线下结合运用的立体化教材。

单元 1　基础知识

本单元是建筑制图与识图的基础，包括投影基本知识、建筑制图基本知识、房屋建筑基本知识。通过本单元的学习，要求掌握投影基本原理和建筑制图标准，了解房屋建筑分类，掌握房屋建筑的基本组成及作用。

子单元 1　投影知识

知识目标： 1. 掌握投影法的基本概念和方法。

2. 掌握正投影法方法、特性及三视图成图原理和规律。

3. 熟悉三视图的一般绘图规则。

能力目标： 1. 能识读简单的三视图。

2. 能绘制简单的三视图。

学习重点： 1. 掌握正投影法方法、特性及三视图成图原理和规律。

2. 绘制简单的三视图。

1.1.1　投影与工程图

1. 投影的形成与分类

在日常生活中，我们常常可以看到，当光线照射人或物体时，会在墙面或地面上产生影子。影子反映了物体边缘的轮廓，但不能反映出物体的空间形状。假如光线能够穿透物体，将物体上所有棱线或轮廓线都反映在某个平面上，这样所得到的影子，就能表达出物体的轮廓形状，我们称之为物体的投影。

产生投影必须具备下面三个条件：①投射线；②投影面；③形体（或几何物体）。三者缺一不可，简称投影三要素。

根据投射中心距离投影面远近的不同，投影分为中心投影和平行投影两大类。

2. 中心投影

当投射中心为有限远时，由投射中心发射投射线得到的投影，称为中心投影。

中心投影的特点：光线由投射中心发出，投影图的大小与投射中心 S 距离投影面的远近有关。当投射中心 S 与投影面的距离一定时，物体越靠近投射中心，其投影越大；反之越小。中心投影可以反映物体的形状，但不能反映其真实大小。

3. 平行投影

当投射中心为无限远时（相当于太阳发出的光线），可以认为投射线是互相平行的。由互相平行的投射线对物体所作的投影，称为平行投影。

平行投影是中心投影的特殊情况。

平行投影的特点：投射线互相平行，所得投影的大小与物体距离投射中心的远近无关。

根据互相平行的投射线与投影面是否垂直，平行投影又分为斜投影和正投影。

1）投射线互相平行，且倾斜于投影面时，所得投影为斜投影。斜投影可以反映物体的形状，但不一定能反映其真实大小。

2）投射线互相平行，且垂直于投影面时，所得投影为正投影。正投影可以反映物体的形状，也能反映其真实大小。因此，正投影图是工程图中主要的图示方法。在本书后面的篇幅中，若非特别指出，所述投影均为正投影。

图 1-1 所示为投影的分类。

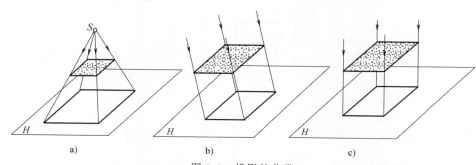

图 1-1　投影的分类

a）中心投影　b）斜投影　c）正投影

4. 图样的产生

（1）单面投影

如图 1-1 所示，我们看到的是单个投影面，H 面。H 面为一水平投影面。

过空间点 A 向 H 面引一垂线，该垂线与 H 面的交点 a，称为空间点 A 在 H 面上的投影，如图 1-2 所示。这个投影是唯一确定的。但是，给出投影 a，是否可以唯一确定空间点 A 的位置呢？当然是不可能的。因为位于垂直线上的任何一点，如 A_1 其水平投影都是 a。因此，由点的单面投影无法确定点在空间的位置。可见，用单个投影图来表达物体是不够的。

（2）双面投影

首先建立一个双面投影体系，如图 1-3 所示。水平投影面 H 与正立投影面 V 互相垂直，两面相交于 OX 轴。过空间点 A 分别向 H 面与 V 面作垂线，得两交点即为 A 的两个投影。其中，H 面上的交点 a 称为 A 的水平投影，V 面上的交点 a' 为 A 的正面投影。

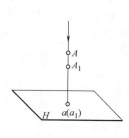

图 1-2　点的单面投影

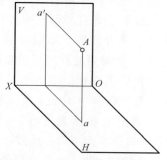

图 1-3　点的双面投影

有了点的两面投影，点在空间的位置可以被唯一地确定。

（3）三面投影

对于一个较为复杂的形体，如果我们只向两个投影面作其投影，那么，投影只能反映它两个面的形状和大小，不能唯一确定物体的空间形状。为了使正投影图能唯一确定较复杂形体的形状，可设立三个互相垂直的平面作为投影面，组成一个三面投影体系，如图1-4所示。

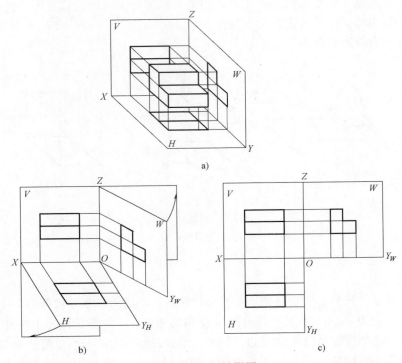

图1-4　三面投影图

水平投影面用 H 表示，简称水平面或 H 面；正立投影面用 V 表示，简称正立面或 V 面；侧立投影面用 W 表示，简称侧面或 W 面。两投影面的交线称为投影轴。H 面与 V 面的交线为 OX 轴，H 面与 W 面的交线为 OY 轴，V 面与 W 面的交线为 OZ 轴，它们互相垂直，并相交于原点 O。

将物体置于三面投影体系中（尽可能使物体的表面平行或垂直于投影面），分别向三个投影面进行正投射，即可得到三个方向的正投影图。从上向下投射，在 H 面上得到的正投影图称水平投影或 H 投影；从前往后投射，在 V 面上得到的称正面投影或 V 投影；从左向右投射，在 W 面上得到的称侧面投影或 W 投影。

上述三个投影图分别位于三个投影面上，读图、画图均不方便。为了便于在同一图纸上绘图和读图，我们将互相垂直的三个投影面上的投影展开在一张二维的图纸上。如图1-4b、c所示，假设 V 面不动，H 面沿 OX 轴向下旋转90°，W 面沿 OZ 轴向后旋转90°，使三个投影面处于同一个平面内。此时，Y 轴分为两条，即 H 面上的为 Y_H，W 面上的为 Y_W。

实际绘图时，表示投影面范围的边线可以不画，不需注写 H、V、W 字样，也不必画出投影轴。如图1-5所示就是

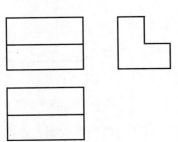

图1-5　简化后的三面投影图

形体的三面正投影图，简称三面投影。

1.1.2 三视图及对应关系

1. 三视图间的位置关系

由图 1-6 可知，正立投影图反映物体的长、高尺寸；水平投影图反映物体的长、宽尺寸；侧立投影图反映物体的宽、高尺寸。由此可以归纳为：

水平投影图与正立投影图：长对正；

正立投影图与侧立投影图：高平齐；

水平投影图与侧立投影图：宽相等。

"长对正，高平齐，宽相等"反映了三视图间的投影规律，是读图与绘图所必须遵循的重要规则。

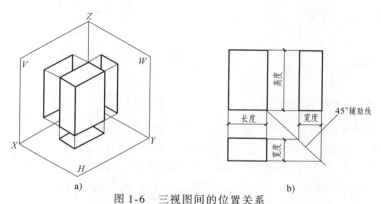

a)   b)

图 1-6 三视图间的位置关系

a）长方体的投影模型   b）三面投影及其对应关系

2. 形体与视图的方位关系

任何一个空间物体都有长、宽、高三个方向的尺寸，以及上、下、左、右、前、后六个方位。

从三投影面体系图中，我们不难看出，OX 轴代表了物体的左右方向，反映的是物体的长度；OY 轴代表了物体的前后方向，反映的是物体的宽度；OZ 轴代表了物体的上下方向，反映的是物体的高度。

由图 1-7 可知，正立投影图反映物体的左右、上下平面；水平投影图反映物体的左右、前后平面；侧立投影图反映物体的上下、前后平面。

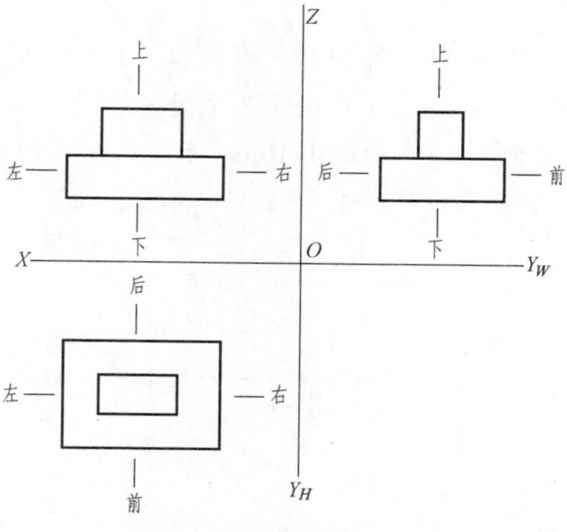

1.1.3 点、直线与平面的投影

1. 点的三面投影、点的相对位置

（1）点的三面投影

点是构成空间形体最基本的几何元素。因此在研究复杂形体的投影前，我们先来研究点

图 1-7 形体与视图的方位关系

的投影。

1）投影的形成。将空间点 A 放置于三面投影体系中（图1-8），过 A 点分别作 H 面、V 面和 W 面的垂线，在 H 面上的垂足点为 a，称为空间点 A 的水平投影；在 V 面上的垂足点为 a'，称为 A 的正面投影；在 W 面上的垂足点为 a''，称为侧面投影。

2）投影的展开。按前述方法将三个投影面展开在同一张图纸上，如图1-9所示。

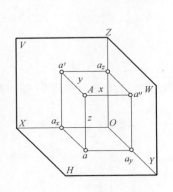

图1-8　投影的形成

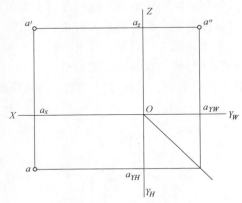

图1-9　投影的展开

3）点的投影规律。由三面投影图的展开过程可知：

① 两点的连线垂直于投影轴，即 $a'a\perp OX$，表示点的正面投影和水平投影连线垂直于 OX 轴；$a'a''\perp OZ$，表示点的正面投影和侧面投影连线垂直于 OZ 轴。

② 空间点到投影面的距离 = 点的投影到相应投影轴的距离，即：

$$Aa = a'a_x = a''a_{yw}$$
$$Aa' = aa_x = a''a_z$$
$$Aa'' = aa_y = a'a_z$$

作图时，为保证 a 到 OX 的距离 $aa_x = a''a_z$，常以 O 为圆心画一圆弧，或自 O 点引45°辅助线。

点的投影规律说明：在点的三面投影图中，每两个投影都有一定的联系。只要任意给出点的两个投影就可求出第三个投影。

[例1-1]　如图1-10a所示，已知点的两面投影，求第三面投影。

以 A 点投影为例，根据 $a'a''\perp OZ$，过 a' 作 OZ 轴的垂线；又因为 $aa_x = a''a_z$，得 a''。求 b 同理。

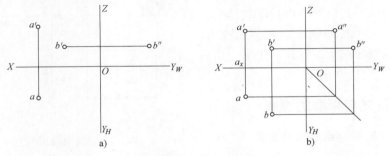

图1-10　求点的投影

a）已知　b）作图

— 6 —

（2）两点的相对位置

空间两个点具有前后、上下、左右六个方位。其相对位置关系可根据两点在投影图中各同面投影来判断。

在三面投影图中规定：以 OX 轴向左，OY 轴向前，OZ 轴向上为正方向。X 轴可判断左右位置，Y 轴可判断前后位置，Z 轴可判断上下位置。

[例 1-2]　如图 1-11 所示，判断 A、B 两点的相对位置。

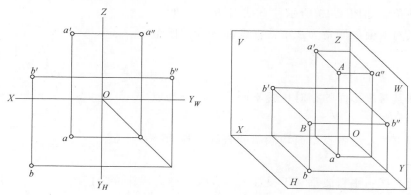

图 1-11　两点的相对位置

从 V 面或 H 面投影可知，空间点 A 在 B 的右边；从 V 面或 W 面投影可知，A 在 B 的上边；从 H 面或 W 面投影可知，A 在 B 的后边。

（3）重影点

当空间两点的某两个坐标相等，该两点处于同一条投射线上，则在该投射线所垂直的投影面上的投影重合在一起，这两点就称为该投影面的重影点。

如图 1-12a 所示，因 A、B 两点的 x，y 坐标相等，即两点到 V 面和 W 面的距离相等，所以 A、B 两点处于垂直于 H 面的投射线上，它们在 H 面上的投影重合在一起，A、B 两点称为 H 面的重影点。

重影点需要判别其可见性，将不可见点的投影用括号括起来。可见性的判别原则与人的视线方向一致：从上到下、从左到右、从前往后，先看到者为可见，后看到者为不可见，如图 1-12b 所示。

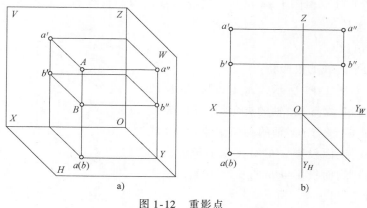

a)　　　　　　　　　　b)

图 1-12　重影点

2. 各种位置直线及投影特征

（1）直线投影的形成

两点决定一条直线，也就是说，一条直线的投影，可由直线上两点的投影来决定。如图1-13所示，连接 A、B 两点的各组同面投影，即得直线 AB 的投影。

（2）直线对投影面的倾角

一条直线对投影面 H、V、W 的夹角，称之为直线对投影面的倾角。如图1-13所示，直线对 H 面的倾角为 α 角，直线对 V 面的倾角为 β 角，直线对 W 面的倾角为 γ 角。

（3）各种位置的直线

直线根据其对投影面的相对位置不同，可以分为以下几种。

一般位置直线：与各投影面均倾斜的直线，称为一般位置直线。

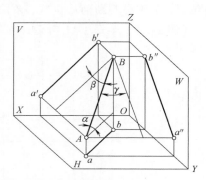

图1-13　直线投影的形成

特殊位置直线：平行或垂直于投影面的直线，称为特殊位置直线。它可分为投影面的平行线和投影面的垂直线两类。

1）投影面的平行线。平行于某一个投影面，但倾斜于另外两个投影面的直线，称之为投影面的平行线。投影面的平行线共有三种：

① 水平线——平行于 H 面的直线；

② 正平线——平行于 V 面的直线；

③ 侧平线——平行于 W 面的直线。

2）投影面的垂直线。垂直于某一投影面的直线，称之为投影面的垂直线。投影面的垂直线共有三种：

① 铅垂线——垂直于 H 面的直线；

② 正垂线——垂直于 V 面的直线；

③ 侧垂线——垂直于 W 面的直线。

（4）各种位置直线的投影特点

1）一般位置直线。由图1-14可知，其投影特点为：直线的三面投影均倾斜于投影轴，且投影小于线段实长。

2）特殊位置直线

① 投影面的平行线的投影特点

a. 水平线：如图1-15所示，水平投影 ab 反映线段 AB 实长，且 ab 线与 OX 轴的夹角为空间 AB 线与 V 面的夹角 β；ab 线与 OY 轴的夹角为空间 AB 线与 W 面的夹角 γ；正面投影 $a'b'$ 的长度小于线段实长，$a'b'$ ∥ OX 轴；侧面投影 $a''b''$ 的长度小于线段实长，$a''b''$ ∥ OY 轴。

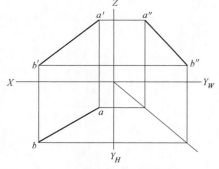

图1-14　一般位置直线的投影

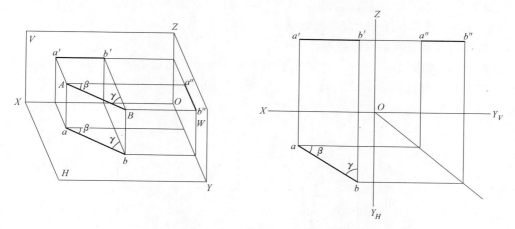

图 1-15　水平线的投影

b. 正平线：如图 1-16 所示，正面投影 $a'b'$ 反映线段 AB 实长，且 $a'b'$ 线与 OX 轴的夹角为空间 AB 线与 H 面的夹角 α，$a'b'$ 线与 OZ 轴的夹角为空间 AB 线与 W 面的夹角 γ；水平投影 ab 的长度小于线段实长，$ab /\!/ OX$ 轴；侧面投影 $a''b''$ 的长度小于线段实长，$a''b'' /\!/ OZ$ 轴。

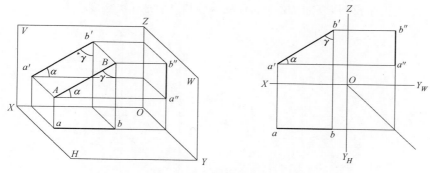

图 1-16　正平线的投影

c. 侧平线：如图 1-17 所示，侧面投影 $a''b''$ 反映线段 AB 实长，且 $a''b''$ 线与 OY 轴的夹角为空间 AB 线与 H 面的夹角 α，$a''b''$ 线与 OZ 轴的夹角为空间 AB 线与 V 面的夹角 β；水平投影 ab 的长度小于线段实长，$ab /\!/ OY$ 轴；正面投影 $a'b'$ 的长度小于线段实长，$a'b' /\!/ OZ$ 轴。

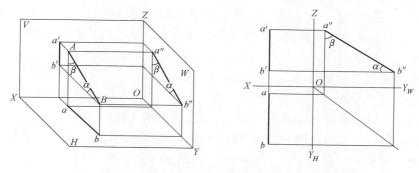

图 1-17　侧平线的投影

由此可见，投影面平行线的投影特性可归纳为：一个投影反映实长并反映两个倾角的真实大小，另两个投影平行于相应的投影轴。

② 投影面的垂直线的投影特点

a. 铅垂线：如图 1-18 所示，水平投影积聚为一点；正面投影 $a'b' \perp OX$ 轴，且反映线段 AB 的真实长度；侧面投影 $a''b'' \perp OY$ 轴，且反映线段 AB 的真实长度。

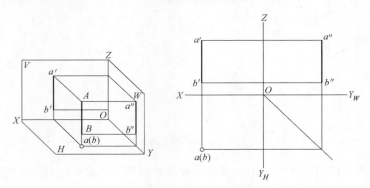

图 1-18 铅垂线的投影

b. 正垂线：如图 1-19 所示，正面投影积聚为一点；水平投影 $ab \perp OX$ 轴，且反映线段 AB 的真实长度；正面投影 $a''b'' \perp OZ$ 轴，且反映线段 AB 的真实长度。

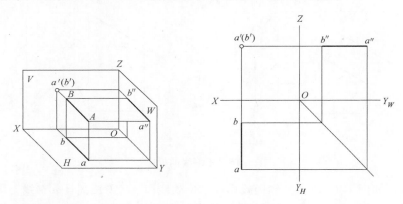

图 1-19 正垂线的投影

c. 侧垂线：如图 1-20 所示，侧面投影积聚为一点；水平投影 $ab \perp OY$ 轴，且反映线段 AB 的真实长度；正面投影 $a''b'' \perp OZ$ 轴，且反映线段 AB 的真实长度。

由此可见，投影面垂直线的投影特性可归纳为：一个投影积聚成点，另两个投影垂直于相应的投影轴，且反映实长。

3. 各种位置平面及投影特征

（1）各种位置的平面

平面根据其对投影面的相对位置不同，可以分为以下几种：

1）一般位置平面。与各投影面均倾斜的平面，称为一般位置平面。平面与 H 面的倾角为 α 角，平面与 V 面的倾角为 β 角，平面与 W 面的倾角为 γ 角。

2）特殊位置平面。平行或垂直于投影面的平面，称为特殊位置平面。

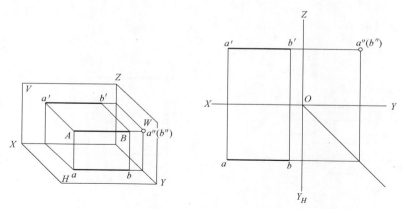

图 1-20 侧垂线的投影

① 投影面的平行面。平行于某一个投影面,同时也垂直于另外两个投影面的平面,称之为投影面的平行面。投影面的平行面共有三种:

水平面——平行于 H 面的平面;

正平面——平行于 V 面的平面;

侧平面——平行于 W 面的平面。

② 投影面的垂直面。垂直于某一投影面,同时,倾斜于另外两个投影面的平面,称之为投影面的垂直面。投影面的垂直面共有三种:

铅垂面——垂直于 H 面的平面;

正垂面——垂直于 V 面的平面;

侧垂面——垂直于 W 面的平面。

(2)各种位置平面的投影特点

1)一般位置平面。如图 1-21 所示,一般位置平面的投影特点:三个投影均为面积缩小了的相似形。

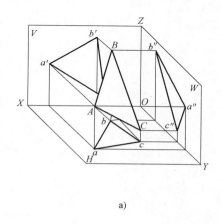
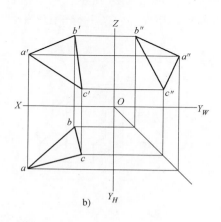

图 1-21 一般位置平面的投影

2)特殊位置平面

① 投影面的平行面的投影特点

— **11** —

a. 水平面：如图 1-22 所示，水平投影反映实形；正面投影积聚成一条平行于 OX 轴的直线；侧面投影积聚成一条平行于 OY 轴的直线。

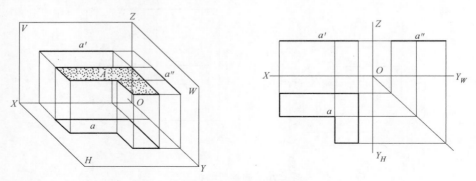

图 1-22 水平面的投影

b. 正平面：如图 1-23 所示，正面投影反映实形；水平投影积聚成一条平行于 OX 轴的直线；侧面投影积聚成一条平行于 OZ 轴的直线。

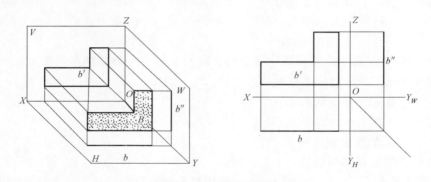

图 1-23 正平面的投影

c. 侧平面：如图 1-24 所示，侧面投影反映实形；水平投影积聚成一条平行于 OY 轴的直线；正面投影积聚成一条平行于 OZ 轴的直线。

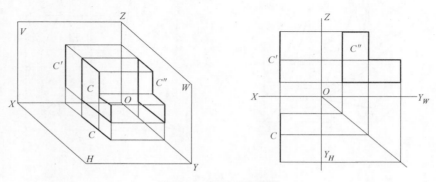

图 1-24 侧平面的投影

由此可见，投影面水平面的投影特点可归结为：在所平行的那个投影面上的投影反映实形；在其他两个投影面上的投影积聚成平行于相应投影轴的直线。

② 投影面垂直面的投影特点

a. 铅垂面：如图 1-25 所示，水平投影积聚成一直线，且其延长线与 OX 轴的夹角为空间平面与 V 面的夹角 β，与 OY 轴的夹角为空间平面与 W 面的夹角 γ；其余两投影均为面积缩小了的相似形。

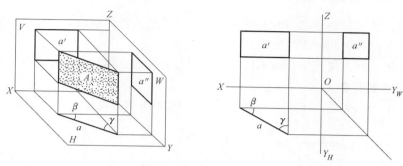

图 1-25　铅垂面的投影

b. 正垂面：如图 1-26 所示，正面投影积聚成一直线，且其延长线与 OX 轴的夹角为空间平面与 H 面的夹角 α，与 OZ 轴的夹角为空间平面与 W 面的夹角 γ；其余两投影均为面积缩小了的相似形。

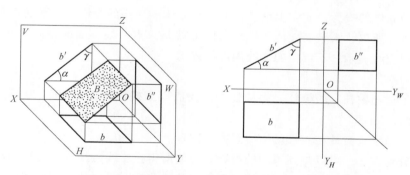

图 1-26　正垂面的投影

c. 侧垂面：如图 1-27 所示，侧面投影积聚成一直线，且其延长线与 OY 轴的夹角为空间平面与 H 面的夹角 α，与 OZ 轴的夹角为空间平面与 V 面的夹角 β；其余两投影均为面积缩小了的相似形。

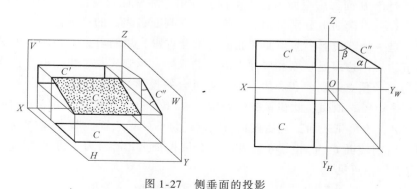

图 1-27　侧垂面的投影

由此可见，投影面垂直面的投影特点可归纳为：一个投影，即与所垂直的那个投影面上的投影积聚成直线，且反映平面对另两个投影面倾角的大小；另两个投影为平面的面积缩小了的相似形。

1.1.4　基本几何体的投影

我们知道，任何复杂物体都可看成是由一些简单的几何体组成的。所以要弄清复杂物体的投影，先要掌握基本几何体的投影。

按照形体的表面几何性质，基本几何体又可分为平面立体和曲面立体两大类。

1. 平面立体的投影

由若干个平面围成的立体称平面立体，如图 1-28 所示为棱柱、棱台、棱锥等。

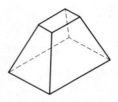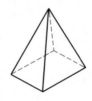

图 1-28　平面立体

研究平面立体的投影，实质上就是研究围成立体的平面的投影，而平面由直线围成，直线由两点连成，所以，求平面立体的投影实际上就是求点、线、面的投影。在平面立体中，可见的交线用实线表示，不可见的交线用虚线表示。

（1）棱柱体

棱柱体包括三棱柱、四棱柱、多棱柱等。我们以五棱柱（图 1-29）为例，来说明棱柱体的投影画法。

第一步，确定五棱柱在三投影面体系中的位置。

不同的放置方法，可以得到不同的投影。为使所得投影线条最少，使虚线尽可能少，以及便于绘图及根据投影图判断空间形体，我们在放置位置时就要使尽可能多的棱柱体表面平行或垂直于三个投影面。

图 1-29a 中，五棱柱由顶面 $ABCDE$、底面 $A_1B_1C_1D_1E_1$、左前棱面 ABA_1B_1、左后棱面 AEA_1E_1、右前棱面 BCB_1C_1、右后棱面 CDC_1D_1、后棱面 EDE_1D_1 共 7 个表面组成。放置时，使上下底面平行于 H 面，后棱面平行于 V 面，左前左后棱面及右前右后棱面均垂直于 H 面。

第二步，在三投影面上分别得到三个投影。并判断各表面的可见性。

H 面投影是一个五边形，为顶面和底面的重合投影，顶面可见，底面不可见，反映了它们的实形。五边形的边线是顶面和底面上各边的投影，反映实长，也是五个棱面积聚性的投影。五边形的五个顶点是顶面和底面五个顶点重合的投影。

V 面投影是矩形。顶面在此积聚成一条线 $a'b'c'd'e'$；底面积聚成 $a_1'b_1'c_1'd_1'e_1'$；左前棱面为矩形 $a'b'a_1'b_1'$，为可见表面；左后棱面 $a'e'a_1'e_1'$ 为不可见表面，其上除棱线 $a'a_1'$ 外，所有点均不可见；右前棱面 $b'c'b_1'c_1'$ 为可见表面；右后棱面 $c'd'c_1'd_1'$ 为不可见表面，其上除棱线 $c'c_1'$ 外，所有点均不可见。

同理可知，W 面投影也是矩形。顶面在此积聚成一条线 $a''b''c''d''e''$；底面积聚成

$a''_1b''_1c''_1d''_1e''_1$；左前棱面 $a''b''a''_1b''_1$ 为矩形，为可见表面；左后棱面 $a''e''a''_1e''_1$ 为可见表面；右前棱面 $b''c''b''_1c''_1$ 与左前棱面 $a''b''a''_1b''_1$ 重影，为不可见表面，其上除棱线 $b''b''_1$ 外，所有点均不可见；右后棱面 $c''d''c''_1d''_1$ 与左后棱面 $a''e''a''_1e''_1$ 重影，其上所有点均不可见。

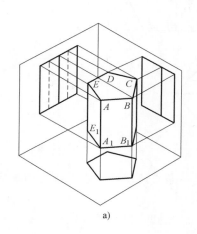
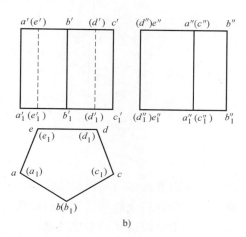

图 1-29　棱柱体的投影

（2）棱锥体

棱锥体的底面是多边形，棱线交于一点。我们以正四棱锥（图 1-30）为例，来说明棱锥体的投影。

第一步，确定正四棱锥在三投影面体系中的位置。

正四棱锥共有底面 $ABCD$，左前棱面 SAB，左后棱面 SAD，右前棱面 SBC，右后棱面 SCD 五个面。将底面平行 H 面，则其余四个表面倾斜于三投影面。

第二步，在三投影面上分别得到三个投影，并判断各表面的可见性。

在 H 面投影中，底面四边形 $abcd$ 反映实形，除四条棱线上的点外，底面所有点均不可见。顶点 S 的 H 面投影 s 在底面的投影中心，s 与各顶点 a、b、c、d 的连线为四个侧面的棱线，它们均等长。sab 为左前棱面投影，sbc 为右前棱面投影，scd 为右后棱面投影，sda 为左后棱面的投影，四个棱面的水平投影均为可见。

在 V 面投影中，底面积聚成一直线 $a'b'c'd'$；左前棱面投影 $s'a'b'$ 与右前棱面投影 $s'b'c'$ 为可见表面；左后棱面投影 $s'a'd'$ 与左前棱面投影 $s'a'b'$ 重影，除棱线 $s'a'$ 外，其表面上所有点均不可见；右后棱面投影 $s'c'd'$ 与右前棱面投影 $s'b'c'$ 重影，除棱线 $s'c'$ 外，其表面上所有点均不可见。

在 W 面投影中，底面积聚成一直线 $a''b''c''d''$；左前棱面投影 $s''a''b''$ 与左后棱面投影 $s''a''d''$ 为可见表面；右前棱面投影 $s''b''c''$ 与左前棱面投影重影，除棱线 $s''b''$ 外，其表面上所有点均不可见；右后棱面投影 $s''c''d''$ 与左后棱面投影重影，除棱线 $s''d''$ 外，其表面上所有点均不可见。

2. 曲面立体的投影

（1）基本概念

曲线：由点按一定规律运动而形成的光滑轨迹。

曲面：由直线或曲线在空间按一定规律运动而形成。

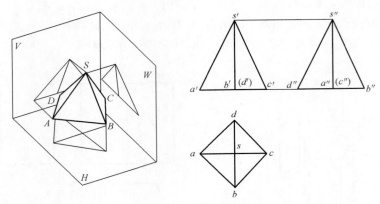

图 1-30　棱锥体的投影

直线曲面：由直线运动而形成的曲面。如圆柱面是一条直线绕着与它平行的轴线旋转而成。圆锥面是一条直线绕着与它相交的轴线旋转而成。

曲线曲面：由曲线运动而形成的曲面。如圆是一个圆或圆弧以直径为轴旋转而成。

曲面中常用的术语有：母线、素线、轮廓线。

母线：形成曲面的那根运动着的直线或曲线，我们称之为母线。

素线：母线移动到曲面上的任意位置时，称为曲线的素线。曲面也可以认为是由无数条素线所组成。

轮廓线：确定曲面范围的边界线。对平面立体而言，其外形边界由棱线确定。而曲面立体由于曲面上没有棱线，因此，在投影中只能用轮廓线表示曲面的范围。在曲面立体中，轮廓线也是其表面可见与不可见的分界线。

曲面立体：由曲面或曲面和平面围成的形体。如图 1-31 所示圆柱、圆锥、圆球等。

（2）曲面立体的投影

1）圆柱体的投影

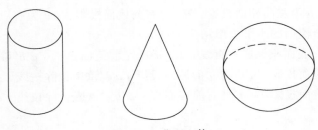

图 1-31　曲面立体

第一步，确定圆柱体在三投影面体系中的位置。

圆柱由顶圆、底圆和圆柱面围成。圆柱面可由平行于轴线的母线 AA_1，绕回转轴 OO_1 旋转而成，如图 1-32 所示。

将上下底圆放置成平行于 H 面，则中轴线 OO_1 垂直于 H 面，如图 1-33a 所示。

第二步，在三投影面上分别得到三个投影，并判断各表面的可见性，如图 1-33b 所示。

圆柱的 H 面投影是一个圆，为顶面和底面的重合投影，顶面可见，底面不可见，反映了它们的实形。该圆同时也反映了圆柱面的积聚投影。

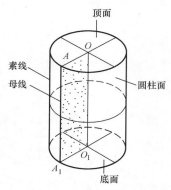

图 1-32　圆柱体的形成

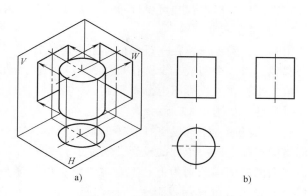

图 1-33　圆柱体的三面投影

　　圆柱的 V 面投影是一个矩形线框，其上下边线为顶圆和底圆的积聚直线，直线长度为圆的直径；左、右两条边线分别是圆柱面上最左、最右两条轮廓素线的投影，它们是圆柱面前、后部分的分界线，在 V 面投影中，圆柱前面可见，后面不可见。

　　圆柱的 W 面投影也是一个矩形线框，其上下边线为顶圆和底圆的积聚直线，直线长度为圆的直径；前、后两条边线分别是圆柱面上最前、最后两条轮廓素线的投影，它们是圆柱面左、右半部分的分界线，在 W 面投影中，圆柱左面可见，右面不可见。

　　2）圆锥体的投影

　　第一步，确定圆锥体在三投影面体系中的位置。

　　圆锥由底圆和圆锥面围成。圆锥面可以看成是由母线 SA 绕中轴线 SO 旋转而成，如图 1-34 所示。

　　将底圆放置成平行于 H 面，则中轴线 SO 垂直于 H 面，如图 1-35a所示。

图 1-34　圆锥体的形成

　　第二步，在三投影面上分别得到三个投影，并判断各表面的可见性。

　　圆锥的水平投影为圆，它的 V 面和 W 面投影均为等腰三角形。

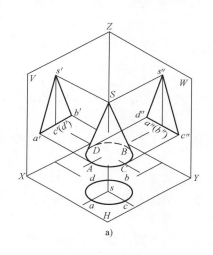

a)

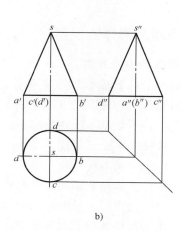

b)

图 1-35　圆锥体的三面投影

圆锥面的外形素线和可见性分析，基本与圆柱相同，读者可自行分析。

3）球体的投影

第一步，确定球体在三投影面体系中的位置。

圆球是以一个圆或半个圆作母线，以其直径为轴线旋转而成，如图1-36所示。

第二步，在三投影面上分别得到三个投影，并判断各表面的可见性，如图1-37所示。

圆球的三面视图都是直径相等的圆。但是，决不能认为它们是圆球面上同一个圆的投影。实际上，圆球的 H、V、W 三面视图的轮廓圆分别为上、下半球，前、后半球和左、右半球的分界线。在 H 面投影中，上半球面可见，下半球面不可见；在 V 面投影中，前半球面可见，后半球面不可见；在 W 面投影中，左半球面可见，右半球面不可见。

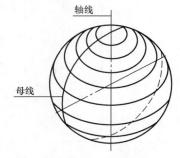

图1-36　球体的形成

假如我们把圆球在 H 面的投影称为水平轮廓圆 b，在 V 面的投影称为正平轮廓圆 a'，在 W 面的投影称为侧平轮廓圆 c''，则该三个圆的其余两投影如图1-37b所示。

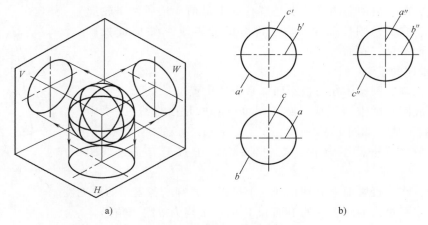

a)　　　　　　　　　　　　　　　　b)

图1-37　球体的三面投影

1.1.5　建筑组合形体的投影

1. 组合形体的组合方式

由两个或两个以上基本几何体所组成的形体，称为组合体。组合体的组合方式有叠加型、截割型和综合型三种形式（图1-38）。

叠加型：由若干个基本形体叠加而成的组合体。如图1-38a，该组合体可看成是一个五棱柱＋一个四棱柱＋一个三棱柱。

截割型：由一个基本形体被一个或若干个断面切割而成的组合体。如图1-38b，该组合体可看成是一个长方体被截割两次而形成。第一次，在长方体内部切去一个小长方体，形成一个槽形体，第二次用一正垂面切割槽形体。

综合型：由基本形体叠加和被截割而成的组合体。如图1-38c，该组合体可看成是底部的长方体叠加中部的圆台，再叠加上部被四棱柱截割后的圆柱。

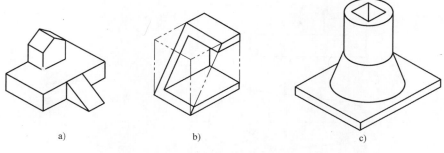

图 1-38　组合形体的组合方式

a）叠加型　b）截割型　c）综合型

2. 组合形体的表面连接关系

组合形体各组合部分之间的表面连接关系可分为四种：不平齐、平齐、相交和相切。

1）不平齐——当组合体上两基本形体的表面不平齐时，在视图中应该有线隔开，如图 1-39a 所示。

2）平齐——当组合体上两基本形体的某两个表面平齐时，中间不应该有线隔开，如图 1-39b 所示。

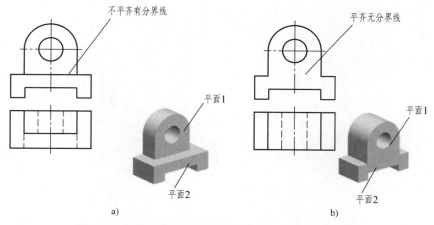

图 1-39　组合形体表面的连接关系——不平齐、平齐

3）相交——当组合体上两基本体表面彼此相交时，在相交处应画出交线。

4）相切——当组合体上两基本体表面相切时，在相切处不应该画线，如图 1-40 所示。

3. 组合体的画图方法

绘制组合体最常用的方法是形体分析法和线面分析法。

形体分析法：将组合体分解成几个基本形体，分析各基本形体的形状、组合方式及表面连接关系，以便于画图和读图的方法。

线面分析法：根据围成形体的表面及表面之间交线的投影，分析表面之间的连接关系及表面交线的形成和画法，以便于画图和读图的方法。

组合体的画图步骤如下：

1）分析组合体。分析组合体是由哪些基本形体叠加、截割或是综合而成的。

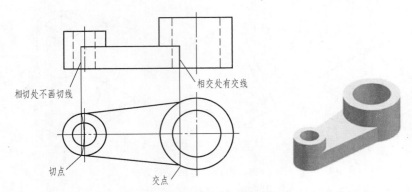

图 1-40　组合形体表面的连接关系——相交、相切

2）放置组合体位置，确定主视图。选择最能显示组合体形状特征的一面作为主视图。

3）布局。根据组合体的大小，选择比例，定图幅，布置视图位置，使图面布图匀称美观。

4）绘制三视图的基准线，逐张绘制投影图。

5）分析及正确表示各部分形体之间的表面过渡关系。

6）检查，加深。

下面将通过两个例子来说明组合体的绘图方法。

[**例 1-3**]　绘制图 1-41 所示室外台阶的三视图。

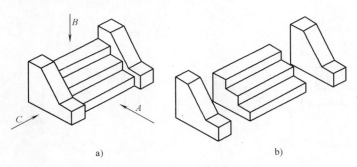

图 1-41　室外台阶

解：1）分析组合体。该组合体可看成由边墙、台阶和边墙三大部分叠加组成。两边的边墙为六棱柱，中间的台阶为八棱柱。

2）放置组合体位置，确定主视图。放置形体应以绘图简捷为前提，即使形体上更多的面或线为投影面的特殊位置面（线）。同时，还要考虑其正常工作位置。综上考虑确定投影位置如图 1-41a 所示。

在形体位置确定后，还要确定正投影图。因为正投影图是最能表达物体主要形状的，所以我们称之为主视图。主视图的选择原则为：

① 尽量反映出形体各组成部分的形状特征及相对位置。

② 使视图上的虚线尽可能少。

上图若选 C 向投影为主视图，可以较好反映边墙与台阶的形状特征，但虚线较多；选 A 向投影为主视图，可以很清楚地反映边墙与台阶的位置关系，且无虚线，故选 A 向为主视图投影方向。

3）布局。根据组合体的长、宽、高，计算出三个视图所占的位置和面积，并在视图间留出标注尺寸、填写图名的位置和适当间距。

绘制三视图的基准线，逐张绘制投影图。

在水平投影中先画中轴线和最后基准线，在正面投影中画中轴线和最下基准线，在侧面投影中绘制中轴线和最下基准线和最后基准线，如图1-42a所示。

先画两边墙的主视图，水平投影、侧面投影，如图1-42b所示。

再叠加台阶的三视图，如图1-42c所示。

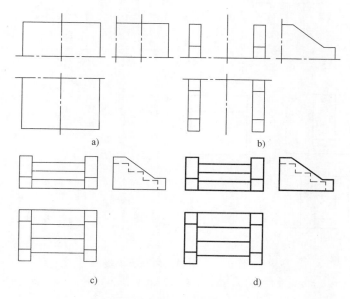

图 1-42　台阶的绘图步骤

4）分析及正确表示各部分形体之间的表面过渡关系。

5）检查，加深。最终完成图形如图1-42d所示。

[**例1-4**]　绘制图1-43所示切割体的三视图。

1）分析组合体。该组合体是由长方体截去左右两角，再截去中间的长方体，最后再截去前方的小长方体得到的。

2）放置组合体位置，确定主视图。轴测图所示为其正常工作位置。主视图方向如箭头所示。该方向反映了物体的主要特征。

3）布局。

4）绘制三视图的基准线，逐张绘制投影图。

在布局好的三视图中绘制基准线，作投影图步骤如下：

① 先画大长方体的三面投影图，再切去左右两个三棱柱，如图1-44a所示。

② 绘制切割掉的中间长方体的三面投影图，如图1-44b所示。

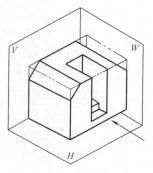

图 1-43　切割体轴测图

③ 绘制切割掉的中间缺口前下方的小长方体的三面投影图，如图 1-44c 所示。

5）分析及正确表示各部分形体之间的表面过渡关系。

6）检查，加深。

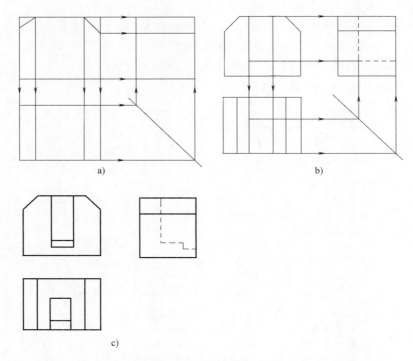

a)　　　　　　　　　　　　　　b)

c)

图 1-44　切割体的绘图步骤

a）画长方体及切去的三棱柱　b）画切去的中间长方体　c）画前下方的台阶，并完成全图

4. 尺寸标注

视图表达了形体的形状，而形体的大小则需要通过尺寸标注来表示。

由前所述，组合体是由基本几何体组成的，那么，只要标出这些基本几何体的大小及相对位置关系，就可以确定组合体的大小。

（1）基本几何体的尺寸标注

基本几何体一般都要标注出长、宽、高三个方向的尺寸。尺寸的标注要尽量地集中标注在一、两个投影图上，长宽一般标注在平面图上，高度一般标注在正立面图上，每个尺寸只需标注一次，如图 1-45 和图 1-46 所示。

曲面立体与平面立体一样，只需标注曲面体的直径和高度即可。

（2）组合体的尺寸标注

1）组合体尺寸标注的分类。组合体的尺寸较多，按它们的作用可分为三类：

① 定形尺寸——确定组合体中各基本形体大小的尺寸。

② 定位尺寸——确定组合体中各基本形体之间相互位置的尺寸。

③ 总尺寸——确定组合体总长、总宽和总高的尺寸。

2）组合体的标注方法。在标注前，首先对组合体进行形体分析，先标注各基本形体的定形尺寸，再标注基本形体之间的定位尺寸，然后标注总尺寸，最后进行检查校审。

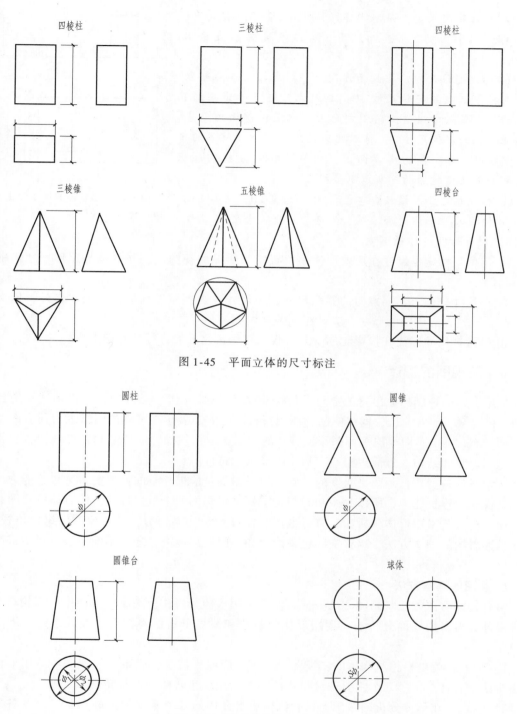

图 1-45　平面立体的尺寸标注

图 1-46　曲面立体的尺寸标注

[例 1-5]　下面以图 1-47 为例，来说明组合体的具体标注方法。

①　形体分析。该组合体由底板（四棱柱），右边中间挖去一个四棱柱，再叠加上部的圆柱体组成。

② 标注定形尺寸。底板长 35，宽 20，高 3；右边中间挖去的四棱柱长 12，宽 14，高 3；上部圆柱体直径 8，高 10。

③ 标注定位尺寸。在长度方向上，以底板左端为起点，标出圆柱中心线的定位尺寸 10，再以此为起点标出矩形孔左端面的定位尺寸 8；在宽度方向上，以底板前面为起点，标出矩形孔的定位尺寸 3，再以此为起点，标出圆柱体的中心线定位尺寸 7；在高度方向上，因为圆柱直接放在底板上，矩形孔又是挖通的，所以不必标注。

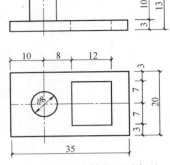

图 1-47　组合体的尺寸标注

④ 标注总尺寸。该组合体总长 35，总宽 20，总高 13。

⑤ 检查尺寸标注是否准确、完全、清晰、合理。

3）尺寸标注的注意事项

① 定位尺寸应尽量注在反映形体间位置特征明显的视图上，并尽量与定形尺寸集中注在一起。

② 在尺寸排列上，同方向的并联尺寸，小尺寸在内，靠近图形，大尺寸在外，依次远离图形。同一方向串联的尺寸，应排在一条直线上。

③ 尽量把尺寸标注在投影轮廓线外，仅某些细部尺寸允许标注在图形内。

1.1.6　三视图的识读

根据形体的视图想象出它的空间形状的全过程，称为读图（或看图）。由前述章节已知画图是由"物"到"图"，即将空间物体用正投影的方法表达在平面的图纸上，而看图则是由"图"到"物"，即根据平面图纸上表达的视图，运用正投影的特性和投影规律，分析空间物体的形状和结构，进而想象空间物体的形状、结构。

从学习的角度看，画图是看图的基础，而看图不仅能提高空间构思能力和想象能力，又能提高投影的分析能力，所以画图和看图是学好本课程的两个重要环节。组合体的看图和画图一样，仍然是采用形体分析法，有时也用线面分析法。要正确、迅速地看懂组合体视图，必须掌握看图的基本方法，培养空间想象能力和空间构思能力，通过不断实践，逐步提高读图能力。

1. 看图的基本方法

组合体的看图方法与画图方法一样，通常采用形体分析法。对于组合体中局部较难看懂的投影部分可采用线面分析法。运用形体分析法和线面分析法看图时，大致经过以下三个阶段。

1）粗读：就是根据组合体的三视图，以正立面图为核心，联系其他视图，运用形体分析法辨认组合体是由哪几个主要部分组成的，初步想象组合体的大致轮廓。

2）精读：在形体分析的基础上，确认构成组合体的各个基本形体的形状，以及各基本形体间的组合形式和它们之间邻接表面的相对位置。在这一过程中，要运用线面分析法弄清楚视图上每一根线条、每一个由线条所围成的封闭线框的意义。

3）总结归纳：在上述分析判断的基础上，综合地想象出组合体的形状，并将其投影恢复到原图上对比检查，以验证给定的视图与所想象的组合体的视图是否相符。当两者不一致时，必须按照给定的视图来修正想象的组合体，直至各视图与所想象出的组合体的再投影视图相符为止。

2. 看图时要注意的几个问题

（1）应把几个视图联系起来分析

在工程图样中，是用几个视图共同表达物体形状的，组合体用三视图表达。每个视图只能反映组合体某个方向的形状，而不能概括其全貌。因此，仅仅根据一个视图或不恰当的两个视图是不能唯一地确定物体的形状的。例如，图 1-48 中，同一个正立面图，配上不同的平面图，就可以表示出许多种形状的组合体。图 1-49 中，同一个正立面图和左侧立面图，配上不同的平面图，也可以表示出许多种形状的组合体。因此，只看一个或两个视图是不能唯一确定组合体的空间形状的，看图必须几个视图联系起来看。

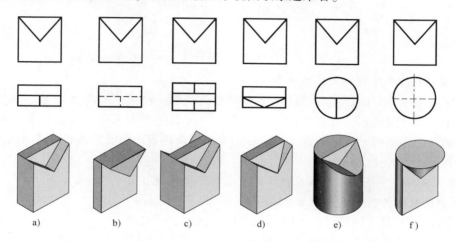

图 1-48　同一正立面图表达的不同形体

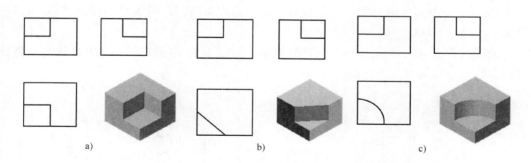

图 1-49　同一个正立面图和左侧立面图表达的不同形体

（2）抓住反映形体的特征视图

所谓的特征视图，就是把物体的形状特征和位置特征反映得最充分的那个视图。用多面投影表达组合体时，在几个视图中，总有一个视图能比较充分地反映组合体的形状特征，如图 1-48 的平面图。在形体分析的过程中，若能找到形体的特征视图，再联系其他视图，就能比较快而准确地辨认形体。但是由基本形体构成的组合体，它的各个基本形体的形状特征，并非都集中在一个视图上，而是可能每个视图上都有一些反映，如图 1-50 正立面图体现了形状特征，左侧立面图体现了位置特征。看图时就是要抓住能够反映形体形状特征的线框，联系其他视图，来划分基本形体。

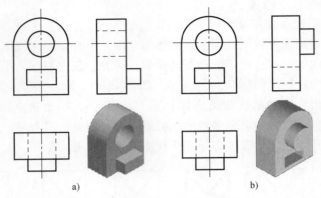

a)   b)

图1-50 特征视图

（3）明确视图中的线框和图线的含义

视图中每条图线可能是平面或曲面有积聚性的投影，也可能是物体上某一条棱线的投影；视图中每个封闭线框可能是物体上某一表面（可以是平面也可以是曲面）或孔、洞的投影。明确视图中图线和线框的含义，才可正确识别形体表面间或形体和形体表面间的相对位置。举例如图1-51所示。

1）视图中每一条图线，分别反映了以下三种不同情况。

① 两表面交线的投影，如图1-52中的图线 a。

② 垂直面有积聚性的投影，如图1-52中的图线 b。

③ 曲面轮廓线的投影，如图1-52中的图线 c。

2）视图中的每一个封闭线框，分别反映了以下三种情况。

① 物体上一个表面的投影，这个面可能是平面或曲面。如图1-52中的线框 d 为圆柱面的投影，线框 e 为平面的投影。

② 物体上一个基本几何体或一个孔的投影。如图1-52中的圆线框 f 可以认为是圆柱孔的投影；线框 g 也可以认为是圆柱体的投影。

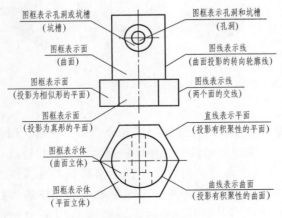

图1-51 线框和图线的含义

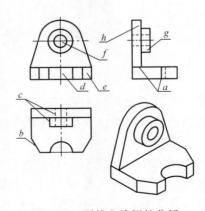

图1-52 图线和线框的分析

③ 物体上曲面及其切面的投影。如图 1-52 中的线框 h 就是曲面的投影。

由上总结：投影图上的一点，可能是空间一点的投影，也可能是物体上一条线有积聚性的投影；投影图上的一条直线，可能是空间一条直线的投影，也可能是一个平面有积聚性的投影；投影图上一个线框，可能是空间一个面的投影，也可能是空间一个基本形体的投影。读图时需要几个视图互相配合，才能正确识别。

视图上一个线框通常代表一个面。若两个线框相连或线框内仍有线框，相连的两个封闭线框表示平行或相交的两个面，读图时必须通过投影区分出不同线框所代表的面的前后、上下、左右和相交、相切等连接关系，帮助想象物体。举例如图 1-52 所示。

另外，还应注意视图中虚实线的变化，判别形体间的相互位置。举例如图 1-53 所示。

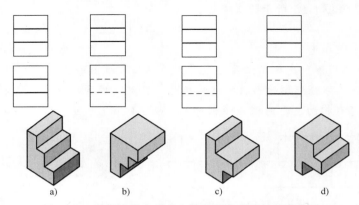

图 1-53　根据视图中的虚实线判断各部分的相对位置

（4）善于构思形体

我们所说的形体除柱、锥、球等这些基本体外，还包括一些基本体经简单切割或叠加构成的简单组合体，看图时要善于根据视图构思出这些形体的空间形状，并在看图过程中不断修正空间想象的结果。

例如，在某一视图上看到一矩形线框，可以想象出很多形体，如四棱柱、圆柱等，看到一个圆形线框，它可以是圆柱、圆锥、圆球等形体的某一投影。此时再从相关的其他视图上找其相应的投影，便会做出正确判断。

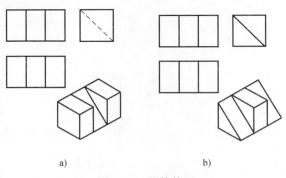

a)　　　　　　　　　b)

图 1-54　形体构思

看图的过程就是根据视图不断修正想象中组合体的思维过程。如想象图 1-54a 所示的组合体形状时，根据正立面图、平面图有可能构思出图 1-54b 所示的形体，但对照左侧立面图就会发现图 1-54b 所示形体的左侧立面图与图 1-54a 所示组合体的左侧立面图不相符，此时须根据它们左侧立面图之间的差异来不断修正所构思的形体，直至得到图 1-54b 所示的形体。

通过以上分析，让我们更加明确：看图时，必须要几个视图联系起来看，还要对视图中的线框和图线的含义做细致的投影分析，在构思形体的过程中不断修正想象中的形体，才能逐步得到正确的结论。

3. 看图的一般步骤

（1）形体分析法

从反映形体特征的正立面图入手，将组合体正立面图按组成形体的线框分成若干部分，由投影关系找出各部分的其余投影，进而分析各部分的形状及相互的位置关系，最后综合想象出组合体的整体形状。所以，用一句话概括为"画线框、分形体；对投影、想形体；定位置、想整体"。下面以实例说明读图的方法和步骤。

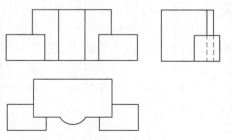

[**例1-6**] 根据图1-55所示的三视图，利用形体分析法看图。

解题方法和步骤如下：

图1-55 组合体看图（一）

1）画线框、分形体。先从正立面图看起，并将三个视图联系起来，根据投影关系找出表达构成组合体的各部分形体的形状特征和相对位置比较明显的视图。然后将找出的视图分成若干封闭线框（有相切关系时线框不封闭）。从图1-56a中可看出，正立面图分成1、2、

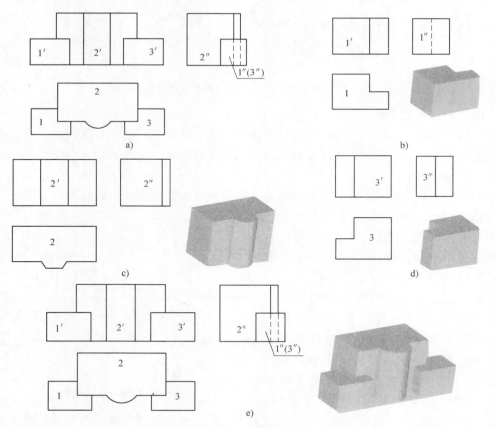

图1-56 形体分析法看图（一）

a）正立面图分成1、2、3三个线框 b）对投影确定形体1 c）对投影确定形体2
d）对投影确定形体3 e）综合起来想出整体形状

3 三个封闭的线框。

2）对投影、想形体。根据正立面图中所划分的线框，分别找出各自对应的另外两个投影，从而根据三面投影构思出每个线框所对应的空间形状及位置，如图 1-56b、c 和 1-56d 所示。

3）合起来想整体。各部分的形状和形体表面间的相对位置关系确定后，综合起来想象出组合体的整体形状，如图 1-56e 所示。

[例 1-7]　根据图 1-57 所示的三视图，利用形体分析法看图。

解题方法和步骤如下：

1）画线框、分形体。先从正立面图看起，并将三个视图联系起来，根据投影关系找出表达构成组合体的各部分形体的形状特征和相对

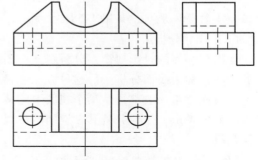

图 1-57　组合体看图（二）

位置比较明显的视图。然后将找出的视图分成若干封闭线框（有相切关系时线框不封闭）。

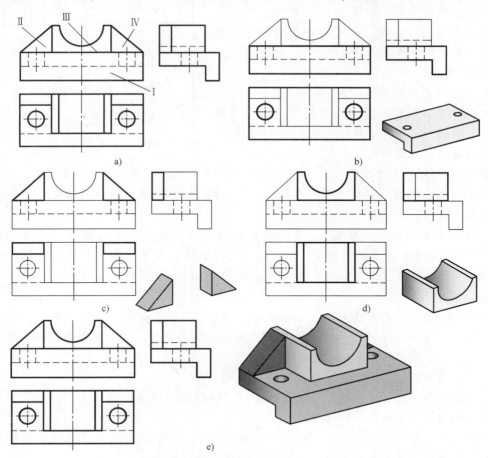

图 1-58　形体分析法看图（二）

a）正立面图分成 Ⅰ、Ⅱ、Ⅲ、Ⅳ四个线框　b）对投影确定形体 Ⅰ　c）对投影确定形体 Ⅱ、Ⅳ

d）对投影确定形体 Ⅲ　e）综合起来想出整体形状

— 29 —

从图1-58a中可看出，正立面图分成Ⅰ、Ⅱ、Ⅲ、Ⅳ四个封闭的线框。

2）对投影、想形体。根据正立面图中所划分的线框，分别找出各自对应的另外两个投影，从而根据三面投影构思出每个线框所对应的空间形状及位置。如图1-58b、c和d所示。

3）合起来想整体。各部分的形状和形体表面间的相对位置关系确定后，综合起来想象出组合体的整体形状，如图1-58e所示。

（2）线面分析法

运用线、面的投影规律，分析视图中图线和线框所代表的意义和相互位置，从而看懂视图的方法，称为线面分析法。这种方法主要用来分析视图中的局部复杂投影。

作线面分析一般都是从某个视图上的某一封闭线框开始，根据投影规律找出封闭线框所代表的面的投影，然后分析其在空间的位置及其与形体上其他表面相交后所产生交线的空间位置及投影。

[例1-8]　根据图1-59所示的压块零件的三视图，利用线面分析法看图。

解题方法和步骤如下：

1）对压块零件的三视图进行分析，确定该组合体被切割前的形状。由图1-59可看出，三视图的主要轮廓线均为直线，如果将切去的部分恢复起来，那么原始形体为一四棱柱。

2）进行面形分析：

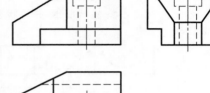

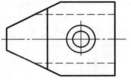

图1-59　组合体看图（三）

① 分析平面图中的线框p，在正立面图中与它对应的是一条直线，在左侧立面图中与之对应的是一梯形线框，可知这是一个正垂面，如图1-60a，即用正垂面切去四棱柱的左上角，如图1-60b。

② 分析正立面图中的线框q，在平面图中与它对应的是一条直线，在左侧立面图中与之对应的是七边形线框，可知这是一个铅垂面，如图1-60c，即用铅垂面切去四棱柱的左前方、左后方的两个角，如图1-60d。

③ 分析正立面图中的线框r，其余两视图均具有积聚性，说明它是一个正平面，如图1-60e。分析平面图中的线框s，对应其他两视图均为直线，说明它是一个水平面，如图1-60e。由此可知，压块零件的下部前后两个缺口是被正平面与水平面截切而成，如图1-60f。

④ 视图中还有一阶梯孔结构，从已知的三视图中很容易看出。其结构如图1-60g所示。

3）反复检查所想出的立体形状是否与已知的三视图对应，直到立体形状与三视图完全符合为止。其外形图如图1-60h所示。

（3）已知两视图，求第三视图

已知两视图，求第三视图，是组合体看图、画图的综合运用。在此将通过一个具体实例，来说明如何根据两视图求第三视图。

[例1-9]　已知一形体的正立面图和左侧立面图，如图1-61所示。想象出该形体的立体形状，补画出完整的平面图。

解：1）由已知视图看懂物体的形状。首先根据形体分析法对形体进行分析，该形体由块Ⅰ、块Ⅱ组成，如图1-62a所示。其中形体Ⅰ、Ⅱ之间为叠加关系。

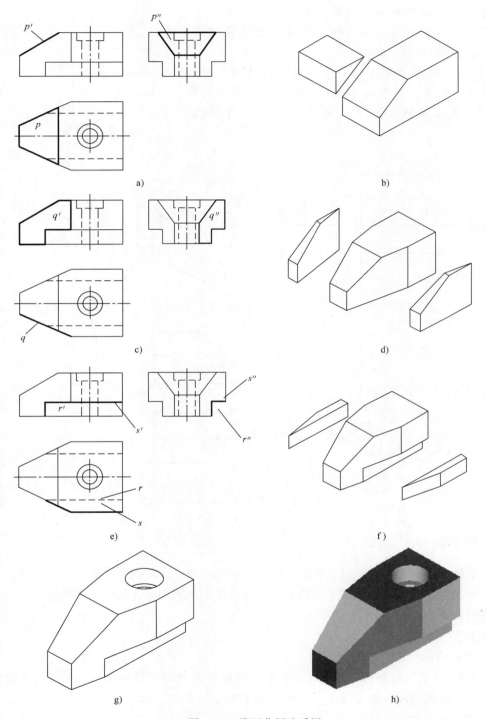

图 1-60　线面分析法看图

a）分析 p 面三视图　b）正垂面切去四棱柱的左上角　c）分析 q 面三视图
d）用铅垂面切去四棱柱左前方、左后方　e）分析 r、s 面三视图
f）被正平面与水平面截切而成　g）挖去一个阶梯孔　h）外形结构

根据正立面图和左侧立面图，分别想象出形体Ⅰ、Ⅱ的空间结构形状，将想象的结果与原视图反复对照，确认无误，如图1-62b、c所示。

2）根据看懂的物体形状画平面图。画图时，按照Ⅰ、Ⅱ形体的顺序，利用三等原则，逐一画出平面图的底稿草图，最后检查加深，完成平面图，如图1-62d所示。

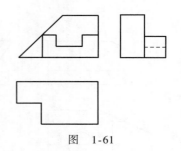

图　1-61

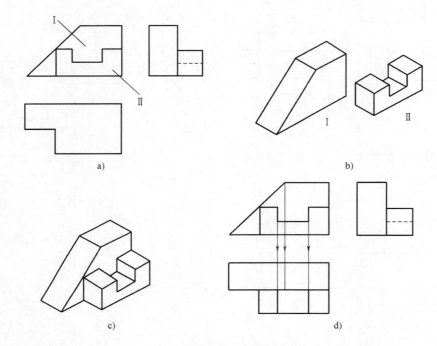

图1-62　求作形体的平面图

1.1.7　剖面图与断面图

当一个物体内部构造复杂时，如果沿用正投影图中以中虚线表示不可见部分，视图上不仅虚线多，甚至虚线、实线相互交叉或重叠，使得图形混淆不清，增加读图的困难，因此有必要引进剖面图与断面图。

1. 剖面图

（1）剖面图的概念

如图1-63所示，假想用一个通过台阶前后侧的平面P将台阶剖开，把P平面左边的部分台阶移开，将剩下部分向W面投影，这样得到的正投影图，就是剖面图。

（2）剖面图的画法

1）剖切位置可按需选定。在有对称中心面时，一般选在对称中心面上或通过孔洞中心线，并且平行于某一投影面，如图1-64所示。

2）剖切面不同所得到的剖面图的形状也不同，因此，画剖面图时，必须用剖切符号

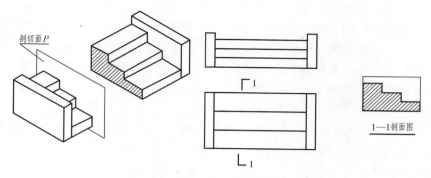

图 1-63　剖面图的形成

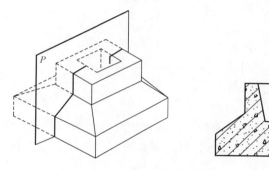

图 1-64　剖切位置

标明剖切位置和投射方向，并予以编号。

3）剖切符号包括剖切位置线和投射方向线。剖切位置线实为剖切平面的积聚投影，由不穿越形体的两段粗实线构成，长度约 6 ~ 10mm，必要时可以转折。投射方向线表达剩余形体的投射方向，从剖切位置线末端开始绘制，垂直于剖切位置线，也画粗实线，长度约 4 ~ 6mm，如图 1-65 所示。剖切符号的编号宜采用阿拉伯数字或大写拉丁字母，按顺序由左到右、由上到下连续编排，并应注写在投射方向线端部。

4）在剖面图的下方要注写剖面图的名称，如图 1-63 中的剖面图的

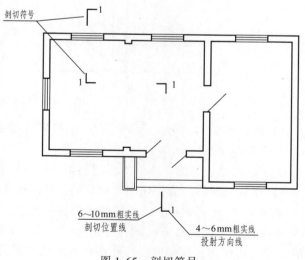

图 1-65　剖切符号

名称为"1—1 剖面图"或简称为"1—1"，并在图名下绘制一条略长的粗横线，使图名居于粗横线中部。

（3）画剖面图时应注意的问题

1）剖切面是假想的，同一个物体按实际需求，可以进行几次剖切，且互相不影响，在

每一次剖切前，都应按整个物体进行考虑。

2）剖切面与物体接触的部分（被剖切部分）的轮廓线用粗实线表示，没有接触到，但沿投射方向可以看见部分的轮廓线必须用中粗实线画出，不得遗漏。在画剖面图时，为了区别物体被剖到的部分和没有被剖到但沿投射方向可以看到的部分，规定在被剖切部分的图形内画上表示材料类型的图例。如果不清楚形体所用的材料，图例可用与水平方向成45°的斜线表示，线型为细实线，且应间隔均匀，疏密适度。

3）剖面图一般不画虚线，只有当被省略的虚线所表达的意义不能在其他投影图中表示或者造成识图不清时，才可保留虚线。

（4）剖面图分类

1）全剖面图。用剖切平面完全地剖开物体所得的剖面图，称为全剖面图，如图1-66所示。

当形体的投影是非对称的，且需要表示其内部形状时，应采用全剖面图。当形体投影虽然是对称的，但外形简单，也可以采用全剖面图。

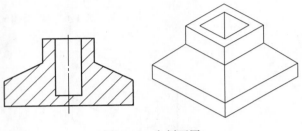

图1-66　全剖面图

2）半剖面图。当物体具有对称平面时，向垂直于对称平面的投影面上投影所得到的图形，以对称中心线为界，一半画成剖面图，另一半画成普通视图，这样画出的图形称为半剖面图，如图1-67所示。

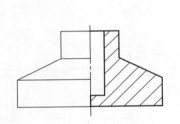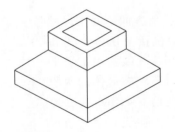

图1-67　半剖面图

3）阶梯剖面图。用几个平行于基本投影面的剖切平面剖开物体的方法称为阶梯剖面图，如图1-68所示。

由于剖切是假想的，所以不能把剖切平面转折处投影到剖面图上。

4）旋转剖面图。假想用两个相交的剖切平面剖开物体的方法称为旋转剖。

如图1-69所示是一个转角楼梯，画剖面图时，先将不平行投影面部分绕其两剖切平面的交线旋转至与投影面平行，然后再投影。剖面图的总长度应为两段梯段实际长度加上a和b的总和。用此方法剖切时，应在图名后加注"展开"二字。

5）局部剖面图。用剖切面局部地剖开物体所得到的剖面图称为局部剖面图。

局部剖面图要用波浪线与视图分界，波浪线可以看作是构件断裂面的投影，因此波浪线不能超出视图的轮廓线，不能穿过中空处，不允许与其他图线重合。在建筑工程和装饰工程中，常使用局部剖面图来表达其内部构造，如图1-70a、b所示，分别是墙面和楼面的装饰工程构造的做法。

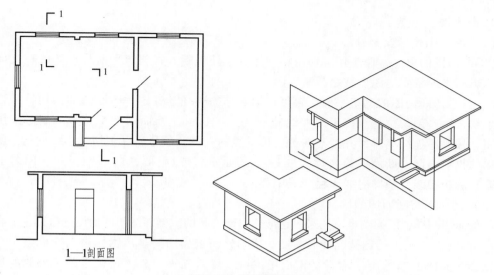

图 1-68　阶梯剖面图

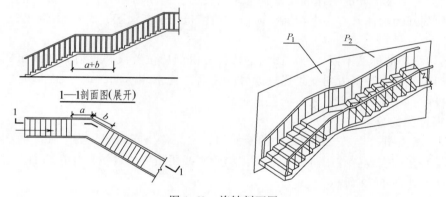

图 1-69　旋转剖面图

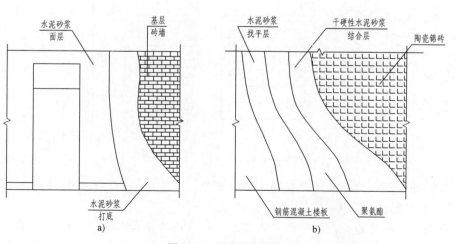

图 1-70　局部剖面图

a) 墙面　b) 楼面

2. 断面图

（1）断面图概念及符号

1）断面图的概念。假想用剖切面将物体的某处切断，将剖切平面与形体的相交面向相应的承影面投影得到的图形称之为断面图。

2）符号。断面图的剖切平面位置可根据实际需要任意选定。断面图的剖切符号仅用剖切位置线表示，剖切位置线仍用粗实线，长度6~10mm。断面图剖切符号的编号采用阿拉伯数字，按顺序连续编排，并注写在剖切位置线的一侧，编号所在剖切位置线的这一侧表示该断面的投射方向。断面图的名称为"1—1断面图"或简称为"1—1"，并在图名下绘制一条略长的粗横线，使图名居于粗横线中部。

（2）剖面图与断面图的区别

与剖面图一样，断面图也是用来表达形体内部形状的。剖面图与断面图的区别主要在于：

1）断面图只画出物体被剖开后断面的实形，而剖面图要画出物体被剖开后整个余下部分的投影，如图1-71所示，台阶的剖面图除画了踏步断面以外，还画了踏步外侧的栏板的投影轮廓线。

2）剖面图是被剖开的物体的投影，是体的投影，而断面图只是一个截面的投影，是面的投影。被剖开的物体必有一个截面，所以剖面图包含了断面图，而断面图只属于剖面图中的一部分。

3）剖切符号的标注不同，剖面图的剖切符号由剖切位置线和投射方向线组成，而断面图只有剖切位置线，投射方向线是通过编号的注写位置来表示的，编号在剖切位置线下方，表示向下投影，注写在左方，表示向左投影。

（3）断面图的分类

1）移出断面图。位于投影图之外的断面图，称为移出断面图。为了便于看图，移出断面图应尽量画在剖切位置线附近处。断面图的轮廓线用粗实线表示，并在断面上绘制出物体的材料图例，如图1-72所示。

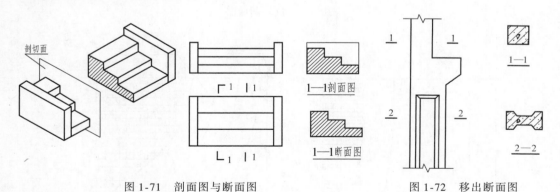

图1-71　剖面图与断面图　　　　　　　　图1-72　移出断面图

2）中断断面图。将断面图画在物体的中断处，称为中断断面图。适用于外形简单细长的杆件，中断断面图不需要标注，如图1-73所示。

3）重合断面图。重叠在投影图之内的断面图，称为重合断面图。重合断面的轮廓线用粗实线表示，以便与投影的轮廓线区别开，并且物体的投影线在重合断面图内仍然是连续的，不能断开，如图1-74所示。

图 1-73 中断断面图

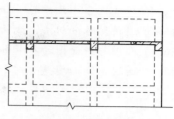

图 1-74 重合断面图

子单元小结

子 项	知 识 要 点	能 力 要 点
投影与工程图	1. 投影的产生与分类 2. 三视图的形成	
三视图及对应关系	1. 三面投影体系的概念和展开方法 2. 形体与视图的方位关系	
点、直线与 平面的投影	1. 点的投影规律及作图方法,判断点的相对位置和重影点的可见性 2. 直线对投影面的各种相对位置的投影特性 3. 平面对投影面的各种相对位置的投影特性	能应用投影原理读图和画图
基本几何 体的投影	平面立体、曲面立体的概念及其三面投影	能应用投影原理绘制物体的三视图
建筑组合形 体的投影	1. 组合形体的组合方式 2. 组合形体的表面连接关系 3. 组合体的画图方法 4. 形体的尺寸标注	1. 能准确绘制组合体三面投影图 2. 能准确标注尺寸
三视图的识读	1. 形体分析法读图 2. 线面分析法读图	会综合应用形体分析法和线面分析法进行读图
剖面图 与断面图	1. 剖面图的形成和画法 2. 断面图的形成和画法 3. 剖面图、断面图的分类	能区分剖面图和断面图

思考与拓展题

1. 何谓投影？投影的三要素是什么？

2. 什么是中心投影？什么是平行投影？什么是正投影？

3. 三面正投影图是如何形成的？它们互相间的投影关系是什么？

4. 试述点的三面投影规律。

5. 如何判断两点的相对位置？如何判断两个重影点的可见性？

6. 试述特殊位置直线的投影特征。

7. 试述特殊位置平面的投影特征。

8. 何谓平面立体？

9. 棱锥、棱柱的三视图绘制步骤有哪些？它们的投影又分别具有哪些特性？

10. 何谓曲面立体？

11. 圆锥、圆柱、球的三视图绘制步骤有哪些？它们的投影又分别具有哪些特性？

12. 简述组合体及其组合方式。

13. 试述用形体分析法画图时的具体步骤。

14. 在标注组合体尺寸时，如何确保其尺寸的完整性？

15. 试述用形体分析法、线面分析法读图的具体步骤。

16. 剖面图与断面图的符号如何表示？有何区别？

17. 剖面图与断面图是如何形成的？剖面图、断面图各有哪些种类？

子单元2　建筑制图知识

知识目标：掌握房屋建筑制图标准的主要内容：图幅、标题栏、图线、字体、比例、符号、定位轴线、尺寸、标高、图例等。

能力目标：能按照制图标准，绘制简单的建筑施工图。

学习重点：常用图线、符号、定位轴线、尺寸、标高、图例的表达。

　　图样是工程界的技术语言，为便于技术交流，提高施工速度，要求建筑工程图样做到规格统一，图面简洁清晰。为此，国家于 2017 年 9 月 27 日颁布了重新修订的国家标准《房屋建筑制图统一标准》（GB/T 50001—2017），其主要内容有以下几个方面。

1.2.1　图幅

　　图幅即图纸图框尺寸的大小。国家规定图纸图框按其大小分为 5 种，见表 1-1。从表中可知，A1 图幅是 A0 图幅的对裁，A2 图幅是 A1 图幅的对裁，余可类推。同一项工程的图纸，图幅不宜多于两种。图幅通常有横式和立式两种形式，以短边作为竖边的图纸称为横式幅面（图 1-75a、b、c），以短边作为水平边的图纸称为立式幅面（图 1-75d、e、f）。一般

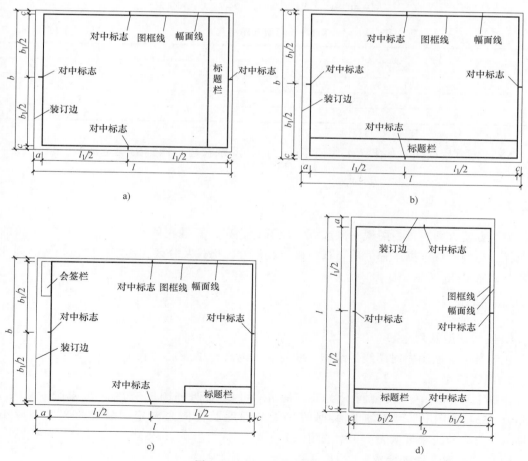

图 1-75　图纸的幅面格式

a）A0 ~ A3 横式幅面 1　b）A0 ~ A3 横式幅面 2　c）A0 ~ A1 横式幅面 3　d）A0 ~ A4 立式幅面 1

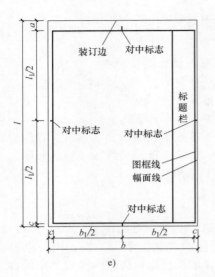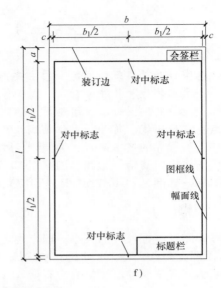

图 1-75　图纸的幅面格式

e）A0 ~ A4 立式幅面 2　f）A0 ~ A2 立式幅面 3

表 1-1　幅面及图框尺寸　　　　　　　　　（单位：mm）

幅面尺寸	幅面代号				
	A0	A1	A2	A3	A4
$b \times l$	841 × 1189	594 × 841	420 × 594	297 × 420	210 × 297
c	10			5	
a	25				

注：表中 a、b、c、l 与图 1-75 图幅格式中 a、b、c、l 表示尺寸一致。

A0 ~ A3 图纸宜用横式。如果图纸幅面不够，可将图纸长边按国标的规定加长，但短边一般不加长。

1.2.2　标题栏

为了方便查阅图纸，图纸右侧或下方应有标题栏，标题栏的位置应按图 1-75 所示的方式配置。标题栏应根据工程的需要选择确定其尺寸、格式及分区，签字栏应包括实名列和签名列，如图 1-76 所示。

1.2.3　图线

1. 图线线型及用途

在建筑工程制图中对图线的线型、线宽及用途都作了规定（表 1-2）。

2. 图线线宽

建筑工程图样中的线型可分为粗、中粗、中、细四种图线宽度，线宽比为 $b : 0.7b : 0.5b : 0.25b$；绘图时，线宽 b 应根据图样复杂程度及比例来确定，图线的宽度不应小于 0.1mm。图线的线宽可从表 1-3 中选用。

3. 绘图时对图线的要求

1）图纸的图框和标题栏线可采用表 1-4 的线宽。

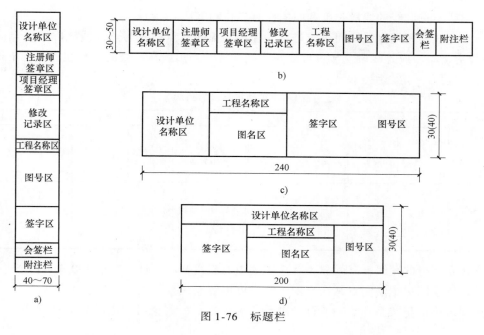

图 1-76 标题栏

表 1-2 图线

名称		线型	线宽	用途
实线	粗		b	主要可见轮廓线
	中粗		$0.7b$	可见轮廓线、变更云线
	中		$0.5b$	可见轮廓线、尺寸线
	细		$0.25b$	图例填充线、家具线
虚线	粗		b	见各有关专业制图标准
	中粗		$0.7b$	不可见轮廓线
	中		$0.5b$	不可见轮廓线，图例线
	细		$0.25b$	图例填充线、家具线
单点长画线	粗		b	见各有关专业制图标准
	中		$0.5b$	见各有关专业制图标准
	细		$0.25b$	中心线、对称线、轴线等
双点长画线	粗		b	见各有关专业制图标准
	中		$0.5b$	见各有关专业制图标准
	细		$0.25b$	假想轮廓线、成型前原始轮廓线
折断线	细		$0.25b$	断开界线
波浪线	细		$0.25b$	断开界线

表 1-3 线宽组

线宽比	线宽组/mm			
b	1.4	1.0	0.7	0.5
$0.7b$	1.0	0.7	0.5	0.35
$0.5b$	0.7	0.5	0.35	0.25
$0.25b$	0.35	0.25	0.18	0.13

表 1-4 图框和标题栏线的宽度 （单位：mm）

幅面代号	图框线	标题栏外框线	标题栏分格线
A0、A1	b	$0.5b$	$0.25b$
A2、A3、A4	b	$0.7b$	$0.35b$

2）虚线、点画线的线段长度和间隔，宜各自相等。

3）点画线的两端是线段而不应是点。虚线与虚线、点画线与点画线、虚线或点画线与其他图线交接时，应是线段交接；虚线与实线交接，当虚线在实线的延长线上时，不得与实线连接，应留有一定间距，见表1-5。

表1-5 正确与错误的画法

名称	正 确	错 误	名称	正 确	错 误
虚线与虚线相交			点画线相交		
虚线与实线相交			虚线与点画线相交		

4）相互平行的图线，其间隙不宜小于其中的粗线宽度，且不宜小于0.7mm。

5）在较小图形中绘制点画线有困难时，可用实线代替。

6）图线不得与文字、数字或符号重叠、混淆，不可避免时，应首先保证文字、数字等的清晰。

1.2.4 字体

图纸上书写的文字、数字或符号等，应笔画清晰、字体端正、排列整齐；标点符号应清楚正确。国家标准对文字（汉字、数字、字母）的大小规定了六种字号，以字体的高度（单位为mm）表示，六种字号为：3.5、5、7、10、14、20，如需写更大的字，其高度按$\sqrt{2}$的比值递增。

1. 汉字

图中标注及说明的汉字，宜采用国家正式公布的简化字，并采用长仿宋体或黑体，同一图纸字体不应超过两种。长仿宋体字种类不应超过两种高度与宽度的关系，应符合表1-6的规定。黑体字的高度与宽度应相同。

表1-6 长仿宋体字高宽关系 （单位：mm）

字 高	20	14	10	7	5	3.5
字 宽	14	10	7	5	3.5	2.5

长仿宋体字基本笔画见表1-7。长仿宋体字书写要领是：笔画横平竖直，起落有锋；结构匀称，排列整齐，字例如图1-77所示。

表1-7 长仿宋体字基本笔画

名称	横	竖	撇	捺	挑	点	钩
形状	一		ノ	\			
笔法	一		ノ	\			

2. 字母、数字

图样及说明中的拉丁字母、阿拉伯数字与罗马数字，宜采用单线简体或ROMAN字体，

字体工整笔画清楚间隔均匀排列整齐
横平竖直注意起落结构均匀添满方格

图 1-77　长仿宋体字例

可写成直体和斜体两种，斜体字与右侧水平线的夹角为 75°。字母与数字的字高不小于 2.5mm，字例如图 1-78 所示。

123456789abcdefgABCDEFG

图 1-78　阿拉伯数字与拉丁字母字例

1.2.5　比例与图名

比例是指图形与实物相应要素的线性尺寸之比。

绘制建筑物时，通常采用适当的比例绘制，比例符号为 " : "，比例大小指的是比值的大小，如 1:20 大于 1:50，表 1-8 列出了常用比例及可用比例，比例应根据图样的用途与所绘对象的复杂程度来选定，图 1-80 是对同一形体用三种不同比例画出来的图形。

表 1-8　绘图所用比例

常用比例	1:1、1:2、1:5、1:10、1:20、1:30、1:50、1:100、1:150、1:200、1:500、1:1000、1:2000
可用比例	1:3、1:4、1:6、1:15、1:25、1:40、1:60、1:80、1:250、1:300、1:400、1:600、1:5000、1:10000、1:20000、1:50000、1:100000、1:200000

按规定，在图样下方应用长仿宋体字写上图样名称和绘图比例。比例宜注写在图名的右侧，字体的基准线应取平，比例的字高宜比图名字高小一号或二号，图名下应画一条粗横线，同一张图纸上的这种粗横线粗细应一致，其长度应与图名文字所占的长度相同，如图 1-79 所示。

平面图 1:100

图 1-79　图名与比例

1.2.6　符号

1. 剖切符号

详见单元 1 中的 1.1.7 剖面图与断面图这节内容。

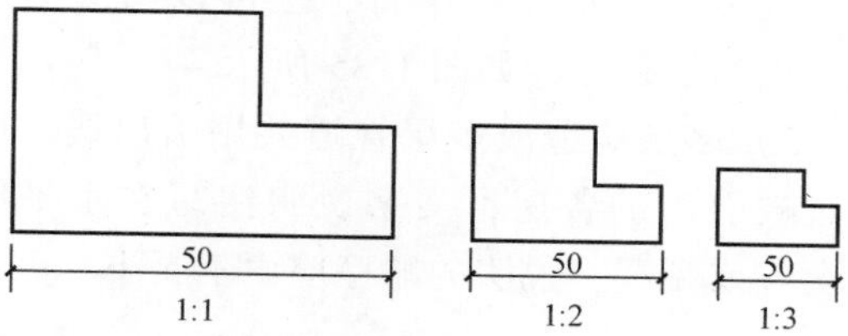

2. 索引符号与详图符号

（1）索引符号

索引符号是用于查找相关图纸的。当图样中的某一局部或构件未能表达设计意图而需要另见详图，以得到更详细的尺寸及构造做法，就要通过索引符号的索引表明详图所在位置，如图 1-81、图 1-82 所示。

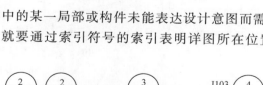

图 1-80　不同比例的图形

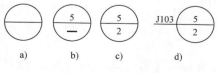

图 1-81　索引符号 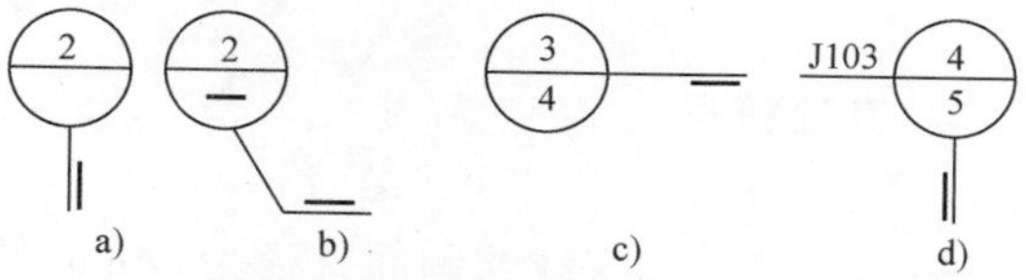　　　　　图 1-82　用于索引剖面详图的索引符号

索引符号是由直径为8～10mm的圆和水平直径组成，圆和水平直径均应以细实线绘制，上半圆内的数字表示详图的编号，下半圆内的数字表示详图所在的位置，或者详图所在的图纸编号。图1-81b、图1-82b表示详图就在本张图纸内；图1-81c、图1-82c分别表示详图在第2张图纸中的编号为5，及详图在第4张图纸中的编号为3；图1-81d、图1-82d表示详图采用J103的标准图集，此图分别是该图集第2页中的图5及第5页中的图4。

（2）详图符号

在画出的详图上，必须标注详图符号。详图符号的圆应以直径为14mm的粗实线绘制，圆内注写详图编号。若所画详图与被索引的图样不在同一张图纸内，可用细实线在详图符号内画一水平直径，上半圆注写详图编号，下半圆注写被索引的详图所在图纸的编号，图1-83a表示详图与被索引的图在同一张图纸上，图1-83b表示详图与被索引的图不在同一张图纸上，其表示详图编号为5，被索引的详图所在图纸的编号为3。

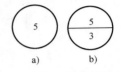

图1-83　详图符号

3. 引出线

1）引出线应以细实线绘制，宜采用水平方向的直线、与水平方向成30°、45°、60°、90°的直线，或经上述角度再折为水平线。文字说明注写在水平线的上方或水平线的端部，如图1-84所示。

图1-84　引出线

2）共同引出线用于同时引出几个相同的部分，引出线宜互相平行，也可以画成集中于一点的放射线，如图1-85所示。

3）多层构造或多层管道共用引出线，应通过被引出的各层，文字说明注写在水平线的上方或端部，说明的顺序应由上至下，并与被说明的层次相互一致，如图1-86所示。

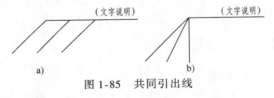

图1-85　共同引出线

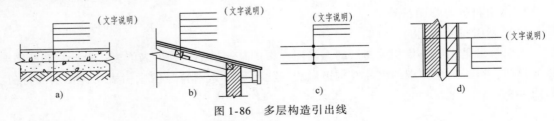

图1-86　多层构造引出线

4. 其他符号

（1）指北针

指北针是用细实线绘制的直径为24mm的圆，指针头部应注写"北"或"N"，指针尾部宽度宜为3mm。当图样较大时，指北针可放大，放大后的指北针，尾部宽度为圆直径的

1/8，如图 1-87 所示。

（2）对称符号

对称符号由对称中心线和两端的两对平行线组成，如图 1-88 所示。

（3）风玫瑰图

风玫瑰图也称风向频率玫瑰图，它是根据某一地区多年平均统计的各个方向风和风速的百分数值，并按一定比例绘制，一般多用八个或十六个罗盘方位表示，如图 1-89 所示。由于该图的形状形似玫瑰花朵，故名"风玫瑰"。玫瑰图上所表示风的吹向（即风的来向），是指从外面吹向地区中心的方向。

图 1-87　指北针

图 1-88　对称符号

图 1-89　风玫瑰图

1.2.7　定位轴线

在施工图中通常将房屋的基础、墙、柱和屋架等承重构件的轴线画出，并进行编号，用于施工定位放线和查阅图纸之用，这些轴线称为定位轴线。

根据"国标"规定，定位轴线应以细点画线绘制。定位轴线一般应编号，编号应注写在轴线端部的圆内。圆应用细实线绘制，直径为 8～10mm。定位轴线圆的圆心，应在定位轴线的延长线上或延长线的折线上。

平面图上定位轴线的编号，宜注写在图样的下方与左侧。横向编号应用阿拉伯数字，从左至右顺序编写，竖向编号应用大写拉丁字母，从下至上顺序编写，如图 1-90 所示。拉丁字母的 I、O、Z 不得用做轴线编号。如字母数量不够使用，可增用双字母或单字母加注脚，如 AA、BA……YA 或 A_1、B_1、……Y_1。

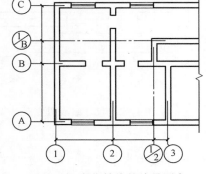

图 1-90　定位轴线的编号顺序

对于一些与主要承重构件相联系的次要构件，它的定位轴线一般作为附加定位轴线，其编号用分数的形式表示，分母表示前一轴线的编号，分子表示附加轴线的编号，用阿拉伯数字顺序编写，如图 1-91 所示；1 号轴线或 A 号轴线之前的附加定位轴线的分母应以 01 或 OA 表示。在画详图时，通用详图的定位轴线只画圆圈，不注写编号，一个详图适用于几根轴线时，应同时注明各有关轴线的编号，如图 1-91 所示。

1.2.8　尺寸与标高

1. 尺寸标注

图样中除要绘出建筑物的形状外，还要准确无误地标注出其尺寸大小。

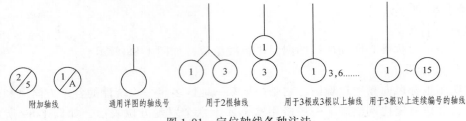

图 1-91　定位轴线各种注法

1）标注尺寸的四要素：尺寸由尺寸界线、尺寸线、尺寸起止符号和尺寸数字四个要素组成，如图 1-92 所示。

① 尺寸界线：用细实线绘制，一般与被标注长度垂直，其一端离开图样轮廓线不小于 2mm，另一端宜超出尺寸线 2~3mm。必要时，图样轮廓线、轴线和中心线可用作尺寸界线。

② 尺寸线：也用细实线绘制，与被标注长度平行，与尺寸界线垂直，不得超越尺寸界线。不能用其他图线代替尺寸线。尺寸线离图样轮廓线的距离不应小于 10mm，互相平行的尺寸线间的距离一般为 7~10mm。

③ 尺寸起止符号：一般用中粗斜短线绘制，倾斜方向与尺寸界线成顺时针 45°角，长度宜为 2~3mm。半径、直径、角度与弧长的尺寸起止符号，宜用箭头表示，箭头画法如图 1-93 所示。

④ 尺寸数字：建筑工程图样中的尺寸数字表示建筑物或构件的实际大小，与绘图比例无关。尺寸数字必须用阿拉伯数字注写，单位除标高及总平面图以米（m）计外，其他均以毫米（mm）为单位，图中尺寸数字后面不注写单位。

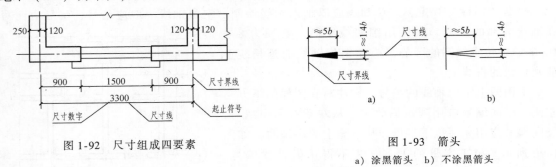

图 1-92　尺寸组成四要素

图 1-93　箭头
a）涂黑箭头　b）不涂黑箭头

尺寸线为水平线时，尺寸数字应注写在尺寸线上方中部，字头朝上；尺寸线为垂直线时，尺寸数字应注写在尺寸线左方中部，字头朝左；尺寸线为其他方向时，尺寸数字注写方向如图 1-94 所示。

尺寸数字若没有足够的注写位置，外边的可注写在尺寸界线外侧，中间相邻的可错开或引出注写，尺寸数字被图线穿过时，应将尺寸数字处的图线断开，如图 1-95 所示。

2）半径、直径的尺寸标注：圆及圆弧的尺寸标注，通常标注其直径或半径。直径标注时，应在直径数字前加注字母"ϕ"，如图 1-96 所示。半径标注时，应在半径数字前加注字母"R"，如图 1-97 所示。标注球体的尺寸时应在直径或半径数字前加注字母"S"，如图 1-98 所示。

3）坡度、角度的标注

① 坡度标注：一般坡度标注方法采用在坡度数字下方加注单面箭头的坡度符号来表示，箭头指向下坡方向，也可用直角三角形形式标注，如图 1-99 所示。

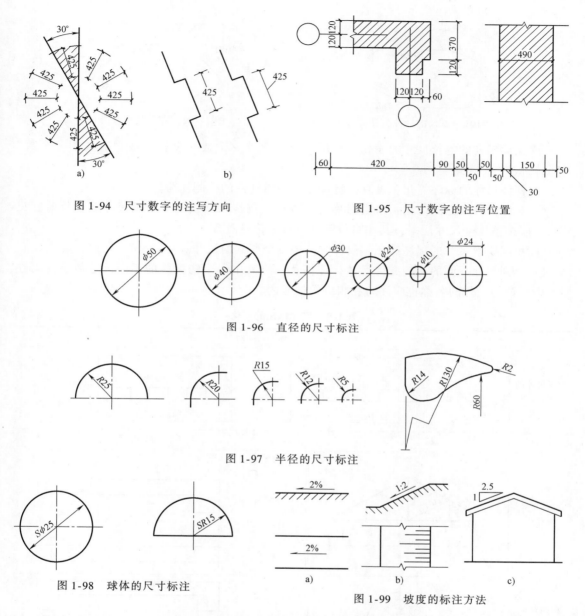

图 1-94 尺寸数字的注写方向

图 1-95 尺寸数字的注写位置

图 1-96 直径的尺寸标注

图 1-97 半径的尺寸标注

图 1-98 球体的尺寸标注

图 1-99 坡度的标注方法

② 角度标注：角度尺寸线用圆弧线表示；角的两个边为尺寸界线；角度的起止符号用箭头表示，如位置不够，可用圆点代替箭头；角度数字应水平方向注写，如图 1-100 所示。

4）弧长、弦长的尺寸标注

① 弧长尺寸：弧长标注时，尺寸线用与该圆弧同心的圆弧线来表示；尺寸界线垂直于该圆弧的弦；起止符号用箭头表示；弧长数字上方加注圆弧符号，如图 1-101 所示。

② 弦长尺寸：弦长标注时，尺寸线用平行于该弦的直线表示；尺寸界线垂直于该弦；起止符号用中粗斜短线表示，如图 1-102 所示。

5）尺寸标注的简化，见表 1-9。尺寸标注的简化包含内容如下。

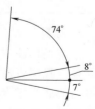

图 1-100 角度的
标注方法

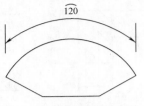

图 1-101　弧长的标注方法

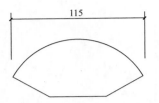

图 1-102　弦长的标注方法

① 连续排列的等长尺寸的简化：可用"等长尺寸×个数＝总长"或"总长等分个数"的形式标注。

② 杆件尺寸的标注简化：可直接将尺寸数字沿杆件的一侧注写。

③ 对称构件尺寸的简化：采用对称省略画法，仅在尺寸线的一端画尺寸起止符号，尺寸数字应按整体全尺寸注写，其注写位置宜与对称符号对齐。

④ 相同要素尺寸的标注简化：仅标注其中一个要素的尺寸。

⑤ 个别尺寸不同的两构配件尺寸标注简化：将其中一个构配件的不同尺寸数字注写在括号内，该构配件的名称也应注写在相应的括号内。

表 1-9　尺寸标注的简化

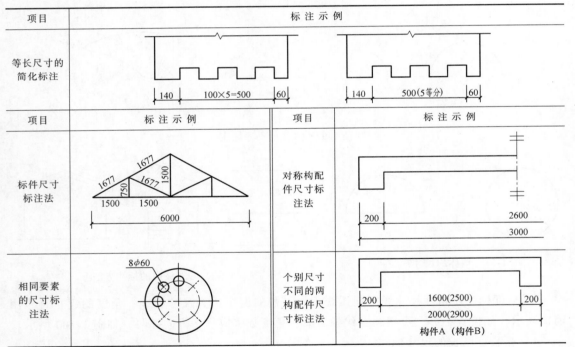

2. 标高

标高是标注建筑物某一位置高度的一种尺寸形式，标高分为绝对标高和相对标高。绝对标高是以我国青岛黄海海平面的平均高度为零点所测定的标高；相对标高通常是以建筑物底层室内地面为零点所测的标高。在建筑设计总说明中要说明绝对标高与相对标高的关系，这样就可以根据当地的水准点测定拟建工程的底层地面标高。

标高符号为直角等腰三角形，用细实线表示，如图 1-103 所示，标高的具体画法如图

1-103c、图 1-104b 所示，对于总平面图室外地坪标高符号宜用涂黑的三角形表示，如图 1-104 所示。标高符号的尖端应指向被注高度的位置，尖端一般应向下，也可向上，标高数字的注写如图 1-105 所示。标高的数值以米为单位，一般注至小数点后三位数。零点的标高注写成 ±0.000，高于零点的标高不标注 "＋"，低于零点的标高应标注 "－"。如同一位置表示几个不同标高时，标高数字可按图 1-106 所示的形式注写。

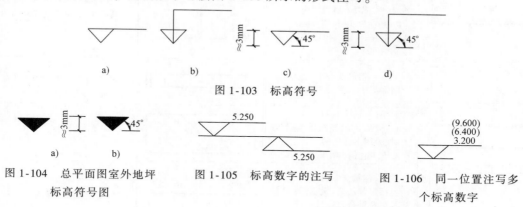

图 1-103　标高符号

图 1-104　总平面图室外地坪标高符号图　　　图 1-105　标高数字的注写　　　图 1-106　同一位置注写多个标高数字

1.2.9　图例

图例是建筑施工图用图形来表示一定含义的一种符号，在绘制房屋建筑施工图中，建筑材料的名称除了要用文字说明外，还需要画出建筑材料图例，常用的建筑材料图例见表 1-10，其余的可查阅《房屋建筑制图统一标准》。

另外，还有其他一些常用的图例，见表 1-11（总平面图中常见图例）、表 1-12（建筑平面图常用图例）、表 1-13（门常见图例）及表 1-14（窗常见图例）。

表 1-10　常用建筑材料图例（部分）

图　　例	名称与说明	图　　例	名称与说明
	自然土壤		砂、灰土 靠近轮廓线绘较密的点
	夯实土壤		木材 1. 上图为横断面，上左图为垫木、木砖或木龙骨 2. 下图为纵断面
	空心砖、多孔砖 1. 包括普通砖、多孔砖、混凝土砖等砌体 2. 断面较窄不易画出图例线时，可涂红		多孔材料 包括水泥珍珠岩、沥青珍珠岩、泡沫混凝土、软木、蛭石等
	毛石		纤维材料 包括矿棉、岩棉、玻璃棉、麻丝、木丝板、纤维板等

（续）

图　例	名称与说明	图　例	名称与说明
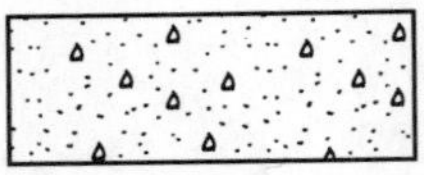	混凝土 1. 包括各强度等级、骨料及添加剂的混凝土 2. 在剖面图上绘制表达钢筋时,则不需绘制图例线 3. 断面图形小,不易绘制表达图例线时,可涂黑或深灰(灰度宜70%)	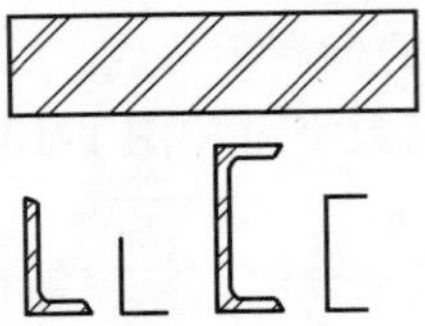	金属 包括各种金属,图形小时可涂黑或深灰(灰度宜70%)
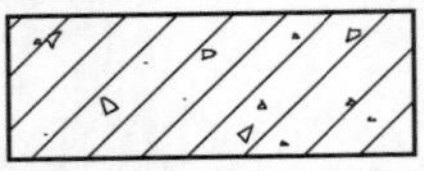	钢筋混凝土 同混凝土说明		饰面砖 包括陶瓷马赛克、铺地砖、陶瓷锦砖、人造大理石等
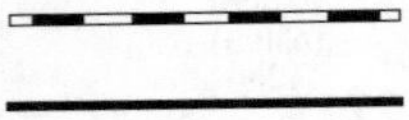	防水材料 1. 构造层次多或绘制比例大时,采用上面图例 2. 绘制比例小时采用下面图例	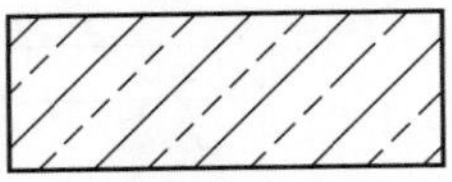	石材
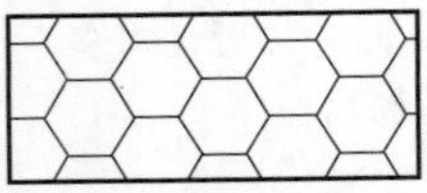	泡沫塑料材料 包括聚苯乙烯、聚乙烯、聚氨酯等多孔聚合物类材料	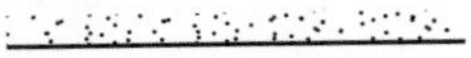	粉刷 本图例采用较稀的点

表 1-11　建筑总平面图常见图例（部分）

图　例	名称与说明	图　例	名称与说明
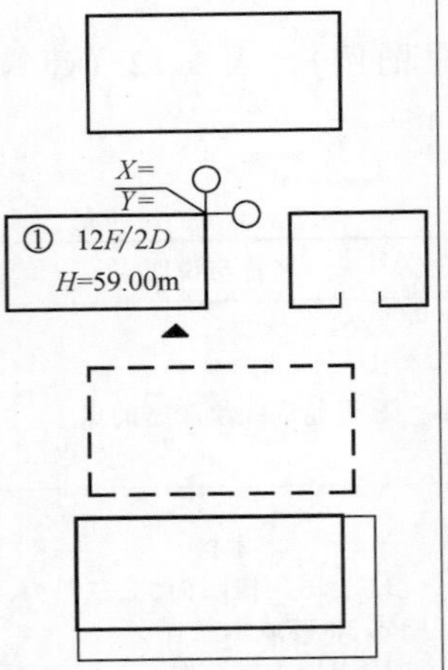 $X=$ $Y=$ ① 12F/2D $H=59.00\text{m}$	新建的建筑物 1. 新建筑物用粗实线表示与室外地坪相接处 ±0.00 外墙定位轮廓线 2. 建筑物一般以 ±0.00 外墙定位轴线交叉点坐标定位。轴线用细实线表示,并标明轴线号 3. 根据不同设计阶段标注建筑编号,地上、地下层数,建筑高度,建筑出入口位置(两种表示方法均可,但同一图纸采用一种表示方法) 4. 地下建筑物以粗虚线表示其轮廓 5. 建筑上部(±0.00)外挑建筑用细实线表示 6. 建筑物上部连廊用细虚线表示并标注位置		原有的道路
			围墙及大门 1. 上图表示实体性质的围墙 2. 下图表示通透性质的围墙 3. 如仅表示围墙时不画大门
			原有建筑物用细实线表示
			拆除的建筑物用细实线表示
	计划扩建的预留地或建筑物 用中粗虚线表示		其他材料露天堆场或露天作业场
			计划扩建的道路
	散状材料露天堆场		填方区、挖方区、未平整区及零点线

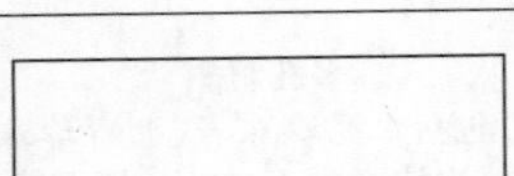

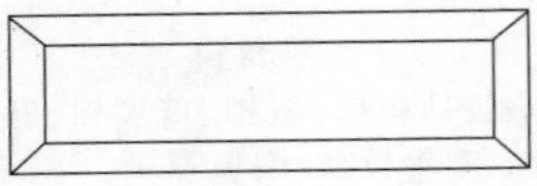

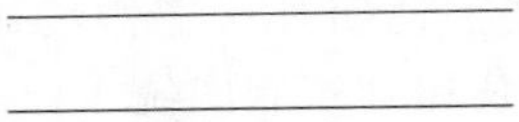

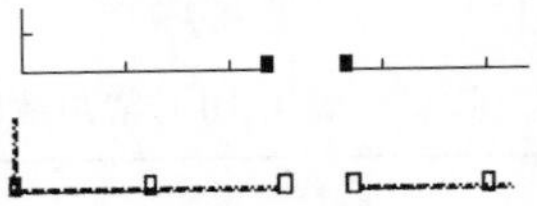

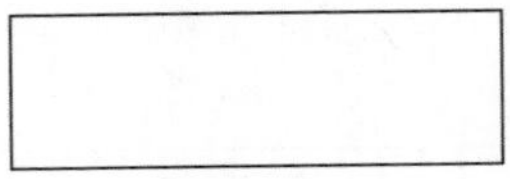

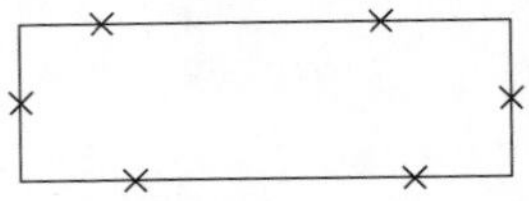

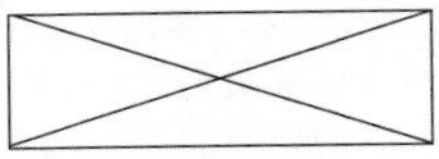

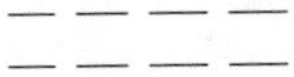

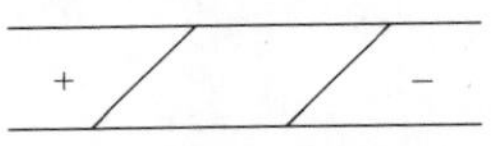

（续）

图　例	名称与说明	图　例	名称与说明
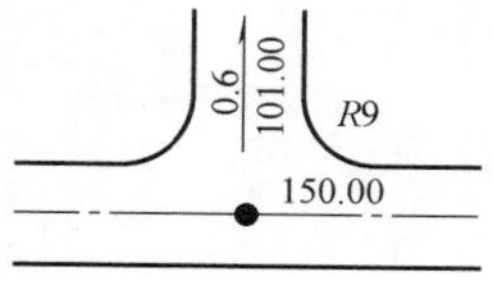0.6 101.00 R9 150.00	新建的道路 1. "R9"表示道路转弯半径为 9m 2. "150.00"表示路面中心控制点标高 3. "0.6"表示 0.6% 的纵向坡度 4. "101.00"表示变坡点间距离	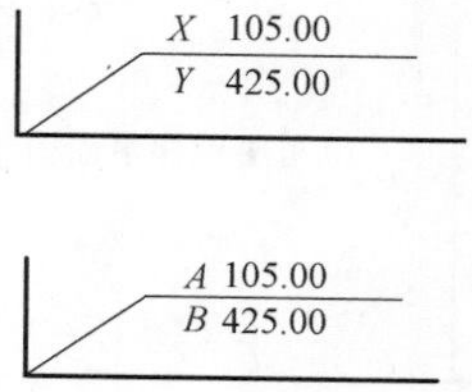X 105.00 Y 425.00 A 105.00 B 425.00	坐标 1. 上图表示测量坐标 2. 下图表示施工坐标
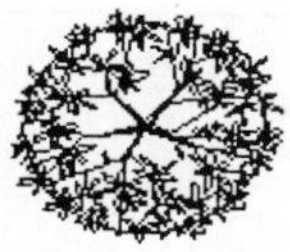	落叶阔叶乔木	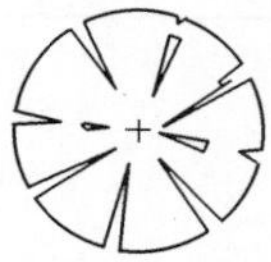	常绿阔叶灌木
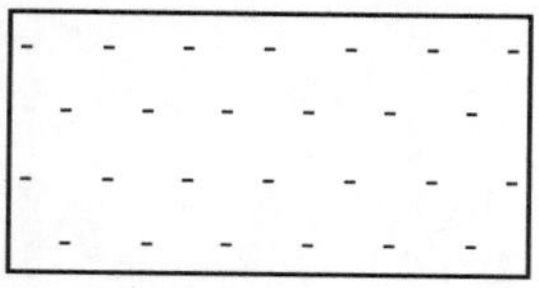	草坪	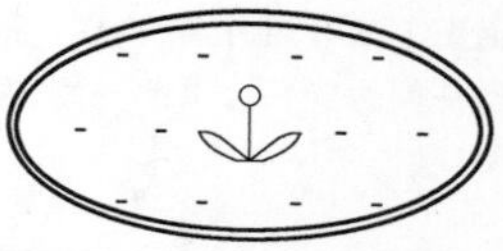	花坛

表 1-12　建筑平面图常见图例（部分）

图　例	名称与说明	图　例	名称与说明
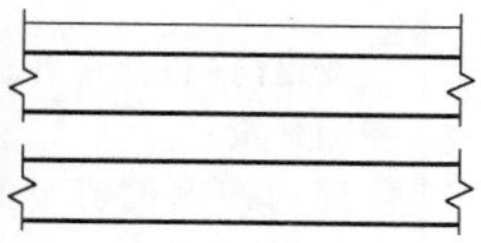	墙体 1. 上图为外墙，外墙细线表示有保温层或有幕墙 2. 下图为内墙	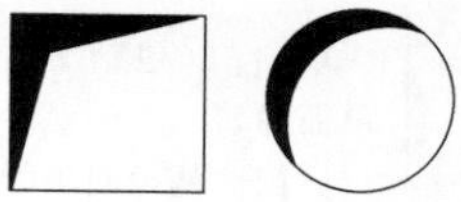	孔洞
	隔断	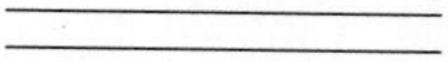	栏杆
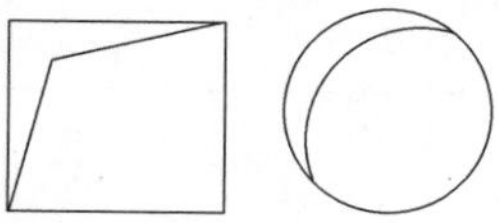	坑槽	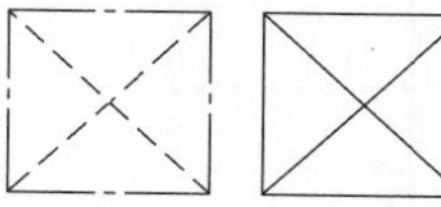	检查孔 左图表示不可见检查孔，右图表示可见检查孔
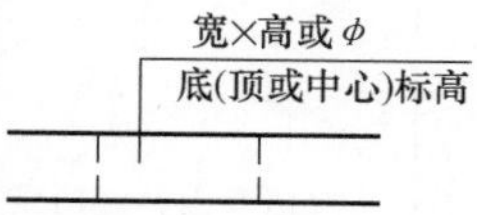宽×高或ϕ 底(顶或中心)标高	墙预留洞口 以洞中心或洞边定位	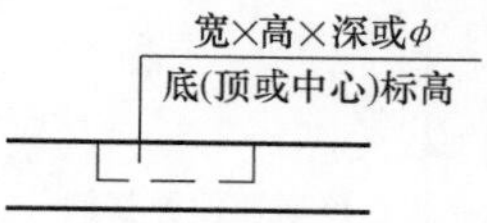宽×高×深或ϕ 底(顶或中心)标高	墙预留槽以洞中心或洞边定位
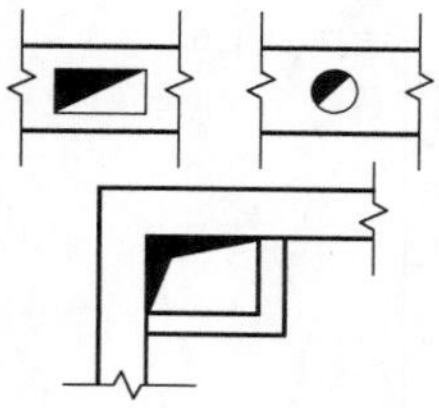	烟道	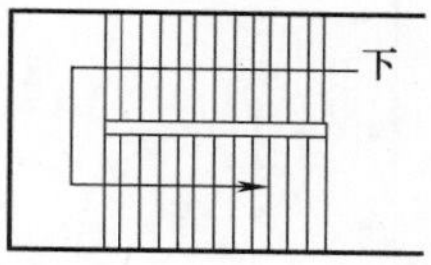下	顶层楼梯平面图

（续）

图 例	名称与说明	图 例	名称与说明
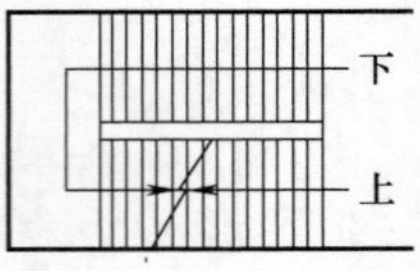	中间层楼梯平面图	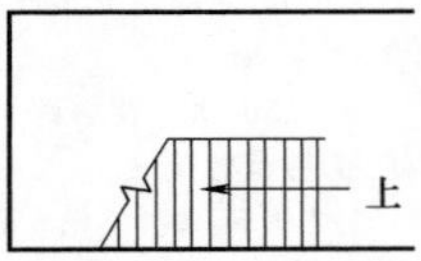	底层楼梯平面图

表 1-13　常见门图例（部分）

门图例说明

1. 门的名称代号用 M 表示。

2. 平面图下为外,上为内。

3. 剖面图左为外,右为内。

4. 平面图上的开启弧以及立面图上的开启方向线,在一般设计图上不需要表示。

5. 立面图上开启方向线交角的一侧为安装合页的一侧,实线为外开,虚线为内开。

6. 立面形式应按实际情况绘制。

图 例	名称与说明	图 例	名称与说明
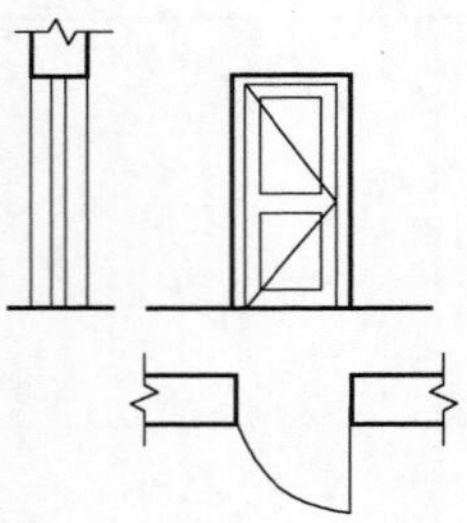	单扇门（包括平开或单面弹簧）　同门图例说明中的1、2、3、4、5、6	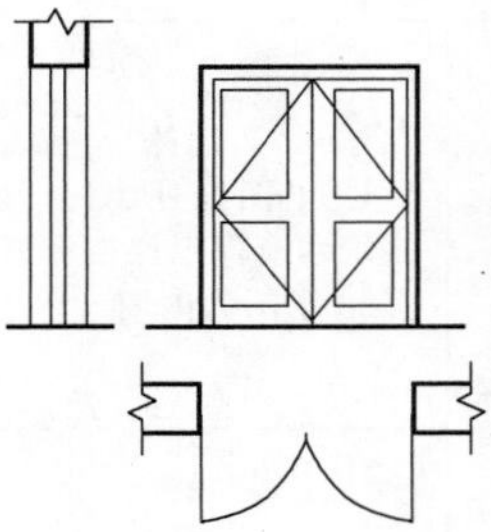	双扇门（包括平开或单面弹簧）　同门图例说明中的1、2、3、4、5、6
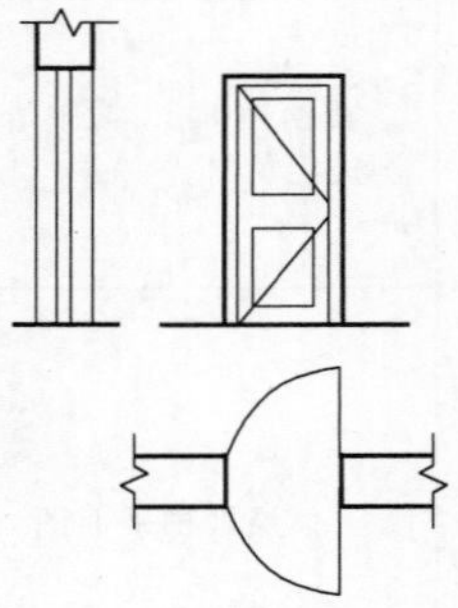	单扇双面弹簧门　同门图例说明中的1、2、3、4、6	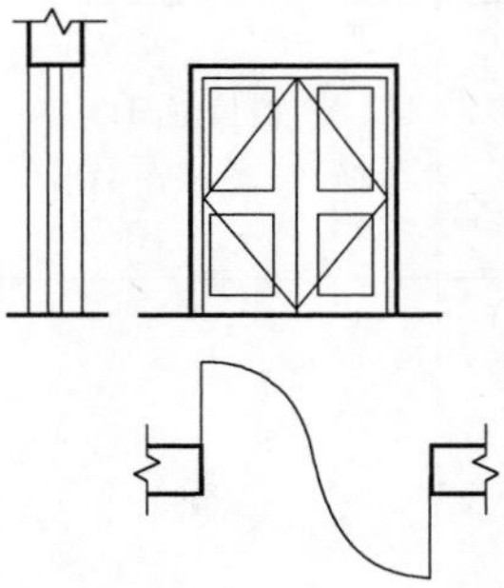	双扇双面弹簧门　同门图例说明中的1、2、3、4、6

52

（续）

图 例	名称与说明	图 例	名称与说明
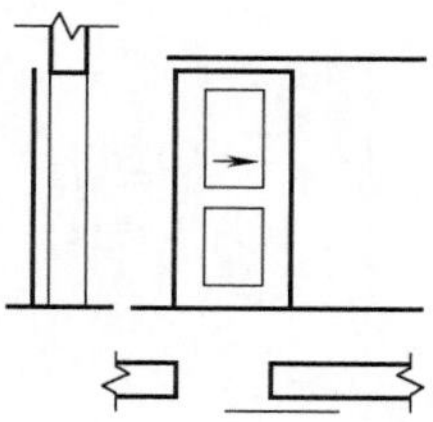	墙外单扇推拉门 同门图例说明中的1、2、5、6	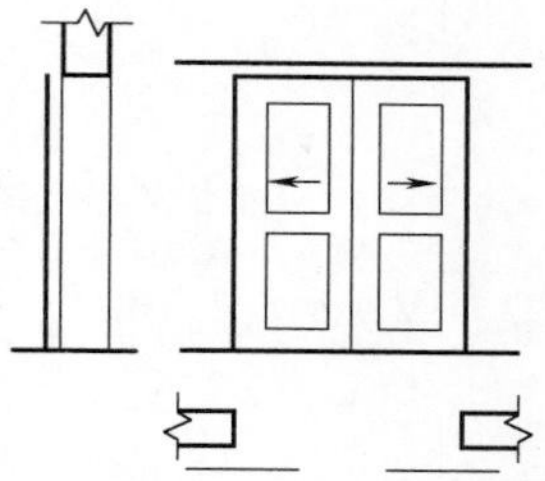	墙外双扇推拉门 同门图例说明中的1、2、5、6
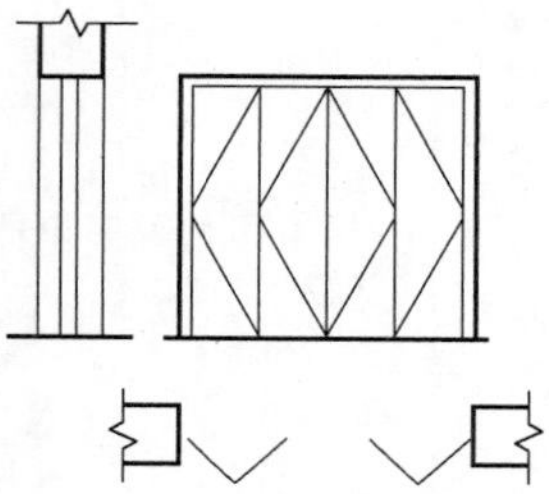	对开叠门 同门图例说明中的1、2、3、4、5、6	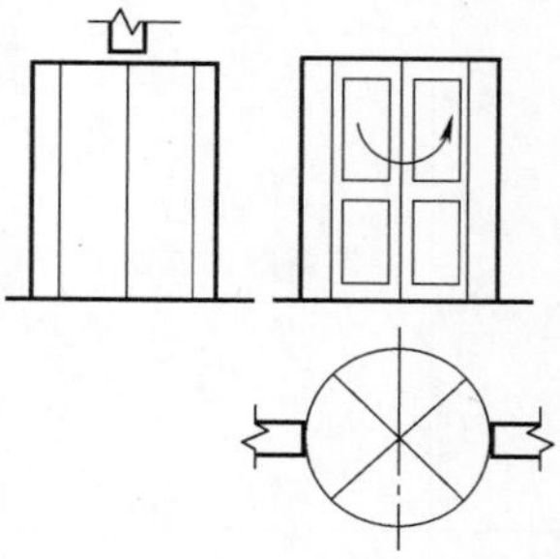	转门 同门图例说明中的1、2、6
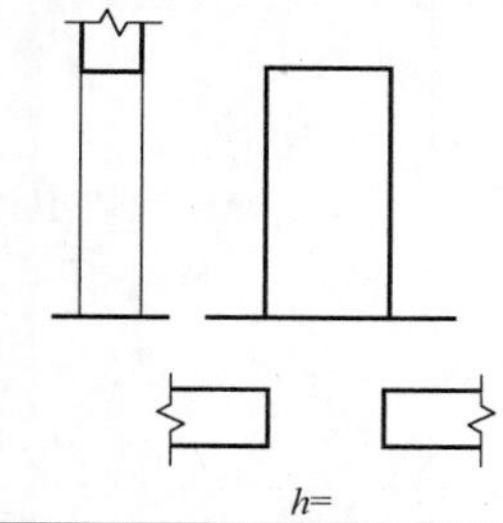 h=	空门洞	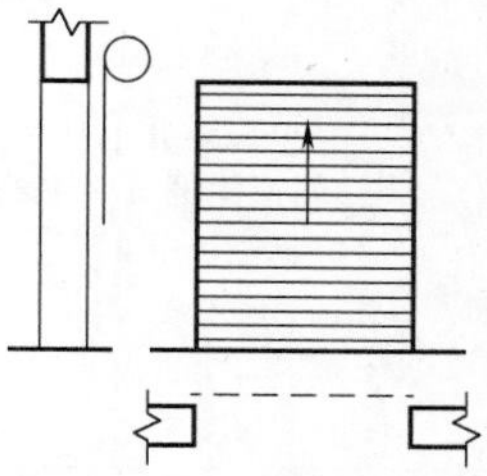	卷门 同门图例说明中的1、2、6

表 1-14   常见窗图例（部分）

窗图例说明

1. 窗的名称代号用 C 表示。

2. 平面图下为外,上为内。

3. 剖面图左为外,右为内。

4. 立面图中的斜线表示窗的开关方向,实线为外开,虚线为内开,开启方向线交角的一侧为安装合页的一侧,一般设计图上不需要表示。

5. 平面图上的开启弧以及立面图上的开启方向线,在一般设计图上不需要表示。

6. 小比例绘图时,平、剖面的窗线可用单粗实线表示。

7. 立面形式应按实际情况绘制。

图 例	名称与说明	图 例	名称与说明
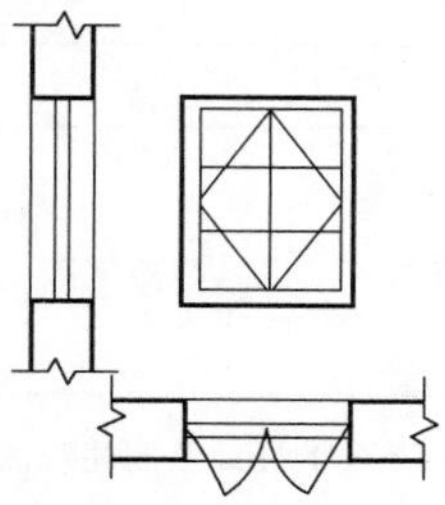	单层外开平开窗 同窗图例说明中的1、2、3、4、5、6、7	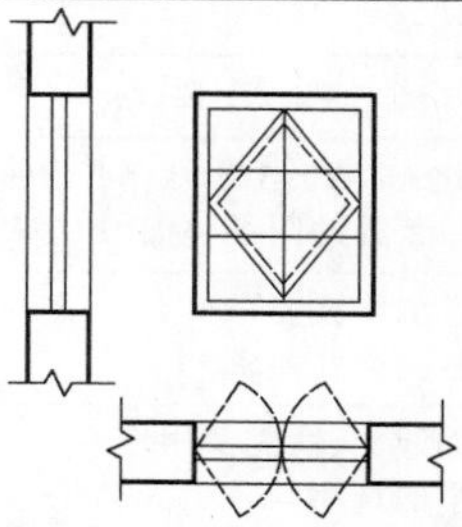	双层内外开平开窗 同窗图例说明中的1、2、3、4、5、6、7

（续）

图　例	名称与说明	图　例	名称与说明
	推拉窗 同窗图例说明中的1、 2、3、6、7		上推窗 同窗图例说明中的 1、2、3、6、7
	固定窗 同窗图例说明中的1、 6、7		百叶窗 同窗图例说明中的 1、6、7
	单层外开上悬窗 同窗图例说明中的1、 2、3、4、5、6、7		单层中悬窗 同窗图例说明中的 1、2、3、4、5、6、7
	高窗 h为窗底距本层楼地 面的高度。同窗图例说 明中的1、2、3、4、5、6、7		立转窗 同窗图例说明中的 1、2、3、4、5、6、7

子单元小结

子项	知 识 要 点	能 力 要 点
图幅	1. 图幅分 A0、A1、A2、A3、A4 五种 2. 同一项工程的图纸幅面不宜多于两种	
标题栏 与会签栏	1. 标题栏的格式要求 2. 会签栏的格式要求	
图线	1. 图线的线型、线宽及用途 2. 线宽组的选用	能根据制图标准选用正确的图线绘制建筑图形

（续）

子项	知 识 要 点	能 力 要 点
字体	1. 汉字选用长仿宋体或黑体 2. 字母和数字的书写要求	能书写仿宋体
比例与 图名	1. 绘图的常用比例 2. 图名的标注样式	能正确标注图名
符号	1. 索引符号和详图符号的标注样式 2. 引出线的标注样式 3. 指北针、对称符号、风玫瑰的标注样式	1. 能正确标注索引符号和详图符号 2. 能正确识读相关的符号
定位轴线	定位轴线的标注样式	能正确标注定位轴线
尺寸 与标高	1. 尺寸标注的四要素：尺寸界线、尺寸线、尺寸起止符号、尺寸数字 2. 标高的标注样式	1. 能正确标注定位轴线 2. 能正确标注标高
图例	1. 常见材料图例 2. 建筑总平面图的常见图例 3. 建筑平面图的常见图例 4. 常见门窗图例	1. 能正确绘制常见材料图例 2. 能正确识读建筑总平面图常见图例 3. 能正确绘制建筑平面图常见图例 4. 能正确绘制常见的 2～3 种门窗图例

思考与拓展题

1. 取一张白纸，假设为 A0 图幅，试依次折出 A1、A2、A3、A4 图幅。

2. 比例 1:10 和 10:1 哪个是放大比例？哪个是缩小比例？

3. 线型有几种？它们各有什么作用？

4. 试说明索引符号与详图符号的绘制要求及两者之间的对应关系。

子单元3　房屋建筑基本知识

知识目标： 1. 了解房屋建筑的分类。

2. 熟悉房屋建筑的基本组成及作用。

3. 了解房屋建筑的构造原理。

能力目标： 能区分房屋建筑的各组成部分及作用。

学习重点： 1. 房屋建筑的基本组成及作用。

2. 房屋建筑的构造原理。

1.3.1　房屋建筑分类

房屋建筑是指具有顶盖、梁柱和墙壁，供人们生产、生活等使用的建筑物，包括住宅、办公楼、影剧院、体育馆、厂房、仓库等各类房屋。

房屋建筑从不同的角度可以进行不同的分类。

1. 按建筑物使用性质分类

（1）民用建筑

供人们居住和进行公共活动的建筑物。按使用功能又可分为居住建筑和公共建筑两大类。

居住建筑（图1-107）：供人们日常居住使用的建筑物，例如住宅、别墅、宿舍、公寓等。

公共建筑（图1-108）：供人们进行公共活动的建筑物，例如教学楼、办公楼、商场、车站、医院、体育馆、电信楼等。

（2）工业建筑（图1-109）

供人们从事工业生产活动的房屋建筑，例如棉纺车间、机械加工车间、仓库等。

（3）农业建筑

供人们从事农牧业生产活动的房屋建筑，例如温室、畜禽饲养室、种子库等。

2. 按建筑物层数分类

（1）民用建筑按照层数分类

住宅一层至三层为低层住宅，四层至六层为多层住宅，七层至九层为中高层住宅，十层及十

图1-107　"2020预制房屋"国际公开赛荣
誉奖——未来闪亮摩登住宅

层以上为高层住宅；除住宅建筑之外的民用建筑高度不大于24m者为单层和多层建筑，大于24m者为高层建筑（不包括建筑高度大于24m的单层公共建筑）；建筑高度大于100m的民用建筑为超高层建筑。

（2）工业建筑

工业建筑按照层数一般分为单层厂房、多层厂房、混合层次厂房。

图1-110为目前世界第一高楼迪拜塔。

图 1-108　中央电视台总部大楼

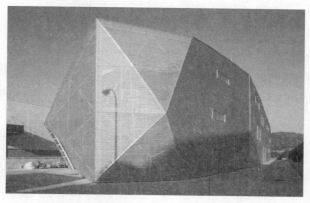

图 1-109　某最佳工业建筑奖——西班牙马德里
Diagonal 80 工业建筑大楼

3. 按建筑结构材料分类

在建筑物中，若干构件相互连接构成能承受荷载的平面或空间体系称为建筑结构，它起到建筑物骨架的作用。建筑结构因所用的材料不同，可分为砌体结构、钢筋混凝土结构、钢结构、组合结构等。

（1）砌体结构（图 1-111）

砌体墙和钢筋混凝土板作为主要承重构件的结构。砌体结构的特点是就地取材、施工简单，耐火性和耐久性好，但砌体强度低、抗震性能差、自重较大，因此目前一般用于多层建筑。

（2）钢筋混凝土结构（图 1-112）

钢筋混凝土柱（或墙）和钢筋混凝土梁、板作为主要承重构件的结构。钢筋混凝土结

图 1-110　迪拜塔

图 1-111　别墅（砌体结构）

构的特点是强度较高、整体性好、抗震性能好，耐火性和耐久性好，但自重较大，建筑工期较长。

（3）钢结构（图 1-113、图 1-114）

钢柱和钢梁、压型钢板作为主要承重构件的结构。钢结构的特点是强度高、刚度大、自重轻、建筑工期短，但耐火性和耐久性较差。

（4）组合结构（图 1-115）

同一截面或各杆件由两种或两种以上材料制作的结构称组合结构。目前应用较为广泛的是钢与混凝土组合结构：用型钢或钢板焊（或冷压）成钢截面，再在其四周或内部浇灌混凝土，使混凝土与型钢形成整体共同受力，简称 SRC 结构。由于 SRC 结构有节约钢材、提

图 1-112　柳京饭店（钢筋混凝土结构）

图 1-113　希尔斯大厦（钢结构）

图 1-114　国家体育场（钢结构）

图 1-115　金茂大厦（SRC 结构）

高混凝土利用系数、降低造价、抗震性能好、施工方便等优点，在各国建设中得到迅速发展。我国对组合结构的研究与应用虽然起步较晚，但发展较快。

1.3.2　房屋建筑组成

房屋建筑一般由基础、墙或柱、楼地面、楼梯、屋顶、门窗等部分组成，详见图1-116。房屋建筑各组成部分的作用简单介绍如下。

（1）基础

建筑物埋在地面以下的承重构件，它承受着建筑物的全部荷载，并把这些荷载传给

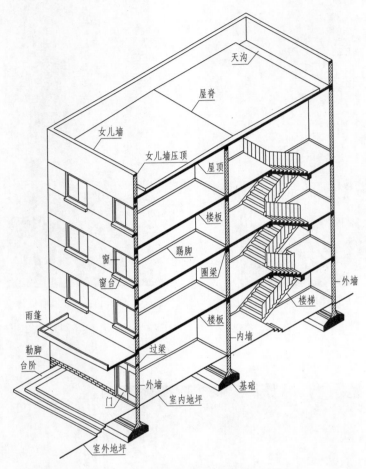

图 1-116　某房屋建筑基本组成示意图

土层。

（2）墙体

外墙是建筑物的围护构件，抵御外界对室内的影响，内墙用来分隔建筑物内部空间，另外墙体还可与柱一样，作为垂直承重构件，承受屋面、楼面传递过来的荷载，并传递给基础。总的来说，墙体的作用有围护、分隔、承重三种，但是这三个作用并不是所有墙体同时具备的，而是根据建筑的结构形式和墙体具体情况，通常只具备其中的一种或者两种作用。

（3）楼地面

楼地面是分隔建筑空间的水平承重构件，承受作用在其面上的各种荷载，并将荷载通过墙或柱传递给基础，同时楼地面还具有一定的隔声、防火功能。

（4）楼梯

楼梯是建筑物中的垂直交通构件，平时作为联系上下层之间的竖向交通通道，当火灾等灾害发生时作为安全疏散的通道。

（5）屋顶

屋顶是建筑物顶部的围护构件，抵御外界对室内的影响，同时又是承重构件，承受作用在其面上的各种荷载，并将荷载通过墙或柱传递给基础。

（6）门窗

门的作用主要是交通联系，并兼采光和通风；窗的作用主要是采光和通风，兼有眺望观景的作用。

此外，建筑物还有台阶、阳台、雨篷、电梯等建筑构配件，根据具体情况而设置，与上述六大主要构件一起共同满足建筑物的使用功能要求。

1.3.3　房屋建筑构造原理

1. 建筑构造的影响因素

（1）外力因素

作用在建筑物上的外力统称为荷载，荷载的大小是建筑设计的主要依据，也是结构选型的重要基础，它决定着构件的尺度和用料的多少。而构件的选材、尺寸、形状等又与构造密切相关。构造设计荷载分为恒荷载（如建筑物构件的自重）和活荷载（如人群、家具、设备、风雪及地震荷载）两种。

（2）自然因素

建筑物在使用周期内会受到风、霜、雨、雪、冰冻、地下水、日照等自然条件和气候条件的影响，这些都是影响建筑物使用质量和耐久性的重要因素。在对建筑物进行构造设计时，应根据当地自然条件的实际情况，针对建筑物所受影响的性质与程度，对有关构配件及相关部位采取相应的构造措施，如设置防潮层、防水层、保温层、隔热层、隔蒸汽层、变形缝等，以保证建筑物的正常使用。

（3）使用因素

人们在使用建筑物的过程中，往往会对建筑物造成影响，如火灾、机械振动、噪声、化学腐蚀、虫害等。所以在建筑构造设计时，要采取相应的构造措施，以防止建筑物遭受不应有的损失。

（4）建筑技术条件

建筑技术条件包括建筑结构、建筑材料、建筑设备、建筑施工技术等。随着科学技术的发展，各种新材料、新技术、新工艺不断产生，建筑构造的设计、施工等也要以构造原理为基础，根据行业的发展状况和趋势不断改进和发展。

2. 建筑构造的基本要求

（1）满足使用功能要求

建筑物所处的环境和使用性质不同，则对建筑构造要求不同，如保温、隔热、通风、采光、吸声、隔声等。为了满足建筑的使用功能需要，在构造设计时，必须综合考虑各方面因素，选择最经济合理的构造措施，满足建筑使用功能要求。

（2）确保结构安全

建筑物除应根据荷载的大小、结构的要求确定构件的必须尺度外，对一些如阳台、楼梯的栏杆，顶棚、地面的装修，构件之间的连接等也要采取必要的构造措施，保证其在使用过程中的安全可靠。

（3）注重建筑的经济效益

在进行建筑构造设计时，应充分考虑建筑的综合效益，采取合理的构造方案，就地取材，节约材料，在保证质量的前提下降低造价，并减少建筑物的运行、维修和管理费用。

（4）适应建筑工业化的需要

建筑工业化是建筑业的发展方向，可以有效地提高施工进度、改善劳动条件，在选择建筑构造做法时，要尽可能采用标准化设计和定型构件，以适应建筑工业化的需要。

（5）满足美观要求

建筑美观主要通过对其内部空间和外部造型的艺术处理来体现。建筑细部构造对建筑物的整体美观有着很大的影响，在构造处理时应注意与建筑立面和建筑体型的整体效果相协调，创造出具有较高品位的建筑。

3. 建筑的耐久性

耐久性根据建筑物的重要性和规模来划分，并以此作为基建投资和建筑设计的依据。《民用建筑设计通则》（GB 50352—2005）中将建筑物的设计使用年限分为四类，详见表1-15。

表1-15　设计使用年限分类

类　　别	设计使用年限/年	适　用　范　围
1	5	临时性建筑
2	25	易于替换结构构件的建筑
3	50	普通建筑和构筑物
4	100	纪念性建筑和特别重要的建筑

4. 建筑的耐火性能

为满足既有利于安全，又有利于节约基建投资的目的，根据建筑物的不同用途，现行《建筑设计防火规范》（GB 50016—2006）将建筑物的耐火等级划分为四个等级。耐火等级是衡量建筑物耐火程度的标准，它是由组成建筑物的构件的燃烧性能和耐火极限的最低值所决定的，详见表1-16。

表1-16　建筑物构件的燃烧性能和耐火极限

构件名称		耐 火 等 级			
		一级	二级	三级	四级
墙柱	防火墙	不燃烧体 3.00	不燃烧体 3.00	不燃烧体 3.00	不燃烧体 3.00
	承重墙、柱	不燃烧体 3.00	不燃烧体 2.50	不燃烧体 2.00	难燃烧体 0.50
	非承重外墙	不燃烧体 1.00	不燃烧体 1.00	不燃烧体 0.50	燃烧体
	楼梯间的墙 电梯井的墙 住宅单元之间的墙 住户分户墙	不燃烧体 2.00	不燃烧体 2.00	不燃烧体 1.50	难燃烧体 0.50
	疏散走道两侧的隔墙	不燃烧体 1.00	不燃烧体 1.00	不燃烧体 0.50	难燃烧体 0.25
	房间隔墙	不燃烧体 0.75	不燃烧体 0.50	难燃烧体 0.50	难燃烧体 0.25
梁		不燃烧体 2.00	不燃烧体 1.50	不燃烧体 1.00	难燃烧体 0.50
楼板		不燃烧体 1.50	不燃烧体 1.00	不燃烧体 0.50	燃烧体

（续）

构件名称	耐火等级			
	一级	二级	三级	四级
屋顶承重构件	不燃烧体 1.50	不燃烧体 1.00	燃烧体	燃烧体
疏散楼梯	不燃烧体 1.50	不燃烧体 1.00	不燃烧体 0.50	燃烧体
吊顶（包括吊顶搁栅）	不燃烧体 0.25	难燃烧体 0.25	难燃烧体 0.15	燃烧体

注：1. 除本规范另有规定以外，以木柱承重且以不燃烧材料作为墙体的建筑物，其耐火等级应按四级确定。

2. 二级耐火等级建筑的吊顶采用不燃烧体时，其耐火极限不限。

3. 在二级耐火等级的建筑中，面积不超过 100m² 的房间隔墙，如执行本表的规定有困难时，可采用耐火极限不低于 0.3h 的不燃烧体。

4. 一、二级耐火等级建筑疏散走道两侧的隔墙，按本表执行有困难时，可采用耐火极限不低于 0.75h 的不燃烧体。

5. 住宅建筑构件的耐火极限和燃烧性能可按现行国家标准《住宅建筑规范》GB 50368 的规定执行。

6. 此表适用于民用建筑，厂房和库房略有差别。

（1）建筑构件的燃烧性能

1）不燃烧体：指用不燃烧材料做成的建筑构件，如天然石材、人工石材、金属材料等。

2）难燃烧体：指用不易燃烧的材料做成的建筑构件，或者用燃烧材料做成，但用非燃烧材料作为保护层的构件，如沥青混凝土构件、木板条抹灰等。

3）燃烧体：指用容易燃烧的材料做成的建筑构件，如木材、纸板、胶合板等。

（2）建筑构件的耐火极限

所谓耐火极限，是指任一建筑构件在规定的耐火试验条件下，从受到火的作用时起，到失去支持能力或完整性被破坏或失去隔火作用时为止的这段时间，用小时表示。只要以下三个条件中任一个条件出现，就可以确定是否达到其耐火极限。

1）失去支持能力指构件在受到火焰或高温作用下，由于构件材质性能的变化，使承载能力和刚度降低，承受不了原设计的荷载而破坏。例如受火作用后的钢筋混凝土梁失去支承能力，钢柱失稳破坏；非承重构件自身解体或垮塌等，均属失去支持能力。

2）完整性被破坏指薄壁分隔构件在火中高温作用下，发生爆裂或局部塌落，形成穿透裂缝或孔洞，火焰穿过构件，使其背面可燃物燃烧起火。例如受火作用后的板条抹灰墙，内部可燃板条先行自燃，一定时间后，背火面的抹灰层龟裂脱落，引起燃烧起火；预应力钢筋混凝土楼板使钢筋失去预应力，发生炸裂，出现孔洞，使火苗窜到上层房间。在实际中这类火灾相当多。

3）失去隔火作用指具有分隔作用的构件，背火面任一点温度达到 220℃ 时，构件失去隔火作用。例如一些燃点较低的可燃物（纤维系列的棉花、纸张、化纤品等）烤焦后起火。

5. 建筑的保温、隔热

（1）建筑保温

保温是建筑设计非常重要的内容之一，寒冷地区的建筑物要考虑保温，非寒冷有空调的建筑物同样也要考虑保温。为了节约能源，必须对围护结构采取相应的保温措施。

1）增加围护结构厚度。增加围护结构的厚度，可以提高热阻即提高抗热流通过的能力，起到良好的保温作用；但是，增加围护结构的厚度势必就增加了围护结构的自重，材料的消耗也相应增多，且减小了建筑的有效面积。

2）选择热导率低的材料。材料的热导率是衡量材料传递热量能力的重要指标。采用热导率低的保温材料，可有效地提高围护结构的热阻。多数单一的保温材料构造不能满足承重构件的强度要求，所以可以将不同性能的保温材料加以组合，发挥各层材料各自不同的性能，以保证建筑物的强度、耐久性的要求。保温墙体构造如图 1-117 所示。

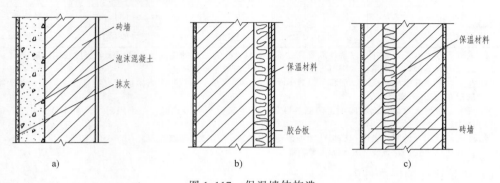

图 1-117　保温墙体构造

a）保温层在外侧　b）保温层在内侧　c）夹芯结构

3）传热特殊部位的保温构造。根据结构的需要，在围护结构中，经常设有热导率较大的嵌入构件，如钢筋混凝土柱、梁、圈梁、过梁等，热量容易从这些部位传递出去，局部热量损失大，容易出现凝结水，这些部位称为围护结构的"热桥"或"冷桥"。图 1-118 所示为热桥现象。

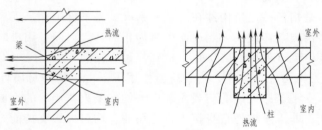

图 1-118　"热桥"现象

为避免和减轻热桥的影响，应采取局部保温措施，如图 1-119 所示。

4）防止围护结构的蒸汽渗透。冬季由于围护结构两侧存在温差，室内高温一侧的水蒸气就向室外低温一侧渗透，在这个过程中，遇到露点温度时就会形成凝结水，使构件受潮。雨水、使用水、土壤潮气等也会侵入构件，使构件受潮受水。围护构件内部受潮受水会使保温材料的保温能力降低，同时，表面的受潮变质还会影响建筑物的安全性和耐久性。所以，在建筑构造设计中，要充分重视保温围护结构内水蒸气渗透问题。

5）防止空气渗透。空气压力和风压力都可能造成空气渗透，为防止由此带来的热量损失，应减少围护构件中的缝隙，如提高门窗的制作、安装质量等。

（2）建筑隔热

在炎热地区，为了减轻建筑物由于受太阳辐射及高温气候所引起的室内高温现象，可采用设备降温，如设置空调和制冷机等，但费用较大，且不利于通风。采取合理的隔热措施，可以节约能源，同时又改善室内环境，常用的构造措施有：在窗口上设置遮阳，减少太阳直

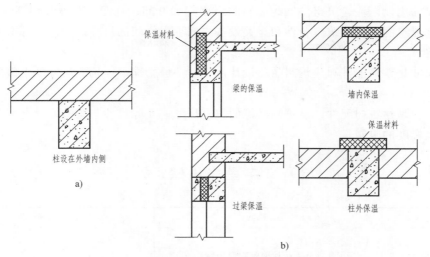

图 1-119　"热桥"局部保温处理

射的影响；使用浅色、平滑的材料，增加建筑物对太阳的反射作用，减少围护构件的吸热；设置带通风间层的外围护构件，采取淋水、蓄水屋面等措施，降低室内的气温。

6. 建筑标准化和模数协调

（1）建筑标准化

一是设计的标准化，包括制定各种法规、规范、标准等，另一个是建筑的标准化设计，即根据上述设计标准，设计通用的构件、配件、单元和房屋。

实行建筑标准化，可以有效地减少构配件规格，进而提高施工效率，保证施工质量，降低造价。

（2）建筑模数协调

由于建筑设计、施工和构配件生产企业一般都是各自独立的。为了提高建筑标准化和工业化水平，协调建筑设计、施工及构配件生产之间的尺度关系，应选用标准的尺度单位，即模数。

基本模数：模数协调中选定的基本单位，其数值为 100mm，符号为 M，即 1M = 100mm。

扩大模数：基本模数的整数倍数。水平扩大模数基数为 3M、6M、12M、15M、30M、60M。竖向扩大模数基数为 3M、6M。

分模数：整数除基本模数的数值。分模数基数为 1/2M、1/5M、1/10M、1/20M、1/50M、1/100M。

整个建筑物和建筑物的各部分以及建筑组合件的模数化尺寸，应是基本模数的倍数。

（3）建筑构件的尺寸

为保证建筑物构配件的设计、生产、安装各阶段有关尺寸间的相互协调，在建筑中把尺寸分为标志尺寸、构造尺寸和实际尺寸，三者之间的关系如图 1-120 所示。

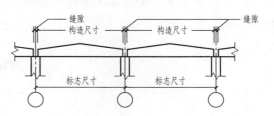

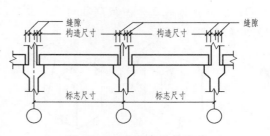

图 1-120　几种尺寸的关系

标志尺寸用以标注建筑定位轴线之间的距离（如开间、柱距、跨度和层高等），以及建筑构配件、建筑制品、建筑组合件和有关设备之间界限之间的尺寸。标志尺寸必须符合模数数列的规定。

构造尺寸是建筑配件和建筑制品的设计尺寸。一般情况下，构造尺寸加上缝隙尺寸等于标志尺寸。

实际尺寸是建筑构配件、建筑制品等的实有尺寸。实际尺寸与构造尺寸之间的差数应满足允许偏差幅度的限制。

子单元小结

子项	知 识 要 点	能 力 要 点
房屋建筑分类	1. 房屋建筑的概念 2. 房屋建筑分别按照建筑物使用性质、层数、结构材料的不同分类	
房屋建筑组成	1. 房屋建筑的基本组成部分 2. 房屋建筑各基本组成部分的作用	能区分房屋建筑的各组成部分及作用
房屋建筑构造原理	1. 建筑构造的影响因素 2. 建筑构造的基本要求 3. 建筑的耐久性 4. 建筑的耐火性能 5. 建筑的保温与隔热	

思考与拓展题

1. 了解现在世界最高的十大建筑物.

2. 从建筑材料的角度出发，谈谈从古到今建筑的发展历程。

3. 了解以下著名建筑物的建筑结构材料：世博会中国馆、阿联酋迪拜塔、中央电视台总部大楼、纽约世贸中心。

能力训练题

一、单选题

1. 根据物体的立体图找到相对应的三面正投影图，并在三面正投影图下面的括号里写出对应的题号。

(1)　　　　　　(2)　　　　　　(3)　　　　　　(4)

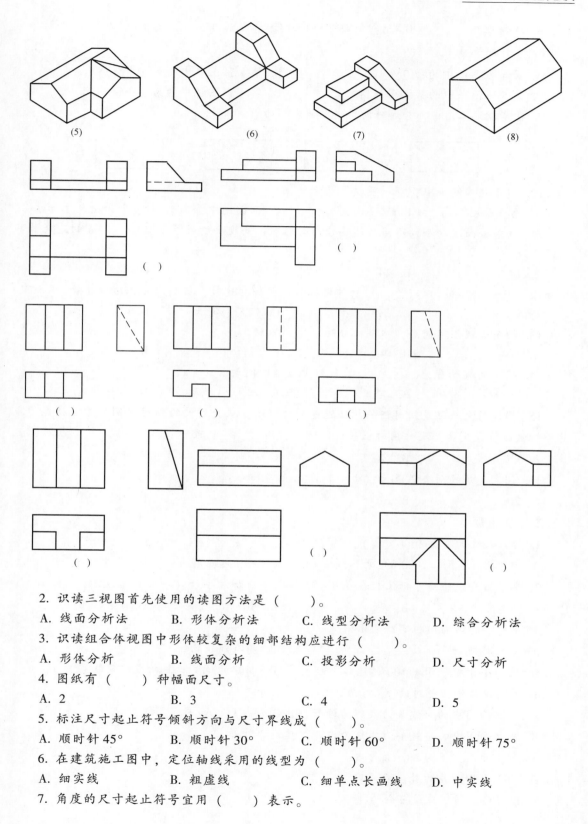

(5)   (6)   (7)   (8)

( )

( )

( )   ( )   ( )

( )

( )   ( )

2. 识读三视图首先使用的读图方法是（　　）。

A. 线面分析法　　　　B. 形体分析法　　　　C. 线型分析法　　　　D. 综合分析法

3. 识读组合体视图中形体较复杂的细部结构应进行（　　）。

A. 形体分析　　　　B. 线面分析　　　　C. 投影分析　　　　D. 尺寸分析

4. 图纸有（　　）种幅面尺寸。

A. 2　　　　B. 3　　　　C. 4　　　　D. 5

5. 标注尺寸起止符号倾斜方向与尺寸界线成（　　）。

A. 顺时针45°　　　　B. 顺时针30°　　　　C. 顺时针60°　　　　D. 顺时针75°

6. 在建筑施工图中，定位轴线采用的线型为（　　）。

A. 细实线　　　　B. 粗虚线　　　　C. 细单点长画线　　　　D. 中实线

7. 角度的尺寸起止符号宜用（　　）表示。

A. 细斜短线　　　　　B. 中粗斜短线　　　　　C. 粗斜短线　　　　　D. 箭头

8. 索引符号 $\frac{4}{5}$ 表示（　　　）。

A. 第4张图纸中的第⑤个详图　　　　　　B. 第4张图纸中的第⑤个详图

C. 第5张图纸中的第④个详图　　　　　　D. 第4张图纸中的第④个详图

9. 在建筑施工图中，普通砖的材料图例表示为（　　　）。

A.　　　　B.　　　　C.　　　　D.

10. 建筑施工图纸中，哪一项以毫米为单位（　　　）。

A. 总平面图标高　　B. 总平面图尺寸　　C. 立面图中标高　　D. 平面图尺寸标注

11. 我国按高度和层数不同对建筑分类时规定：高度小于或等于（　　　）m 的建筑属非高层建筑。

A. 14　　　　　　B. 24　　　　　　C. 34　　　　　　D. 44

12. 以砖砌墙柱，以（　　　）制作楼板和屋面板的建筑，被称为砖混结构建筑。

A. 石　　　　　　B. 钢　　　　　　C. 钢筋混凝土　　　D. 木

13. 按耐火极限不同分，建筑被分为（　　　）级。

A. 一　　　　　　B. 二　　　　　　C. 三　　　　　　D. 四

14. 从耐火极限看，（　　　）级建筑耐火极限时间最长。

A. 一　　　　　　B. 二　　　　　　C. 三　　　　　　D. 四

15. 构件耐火极限是指对任一构件进行耐火试验，从受到火的作用起倒失去支持能力或完整性被破坏或失去隔火作用时止的这段时间，用（　　　）表示。

A. 秒　　　　　　B. 分　　　　　　C. 小时　　　　　D. 日

16. 住宅建筑的耐久年限为（　　　）年以上。

A. 20　　　　　　B. 50　　　　　　C. 70　　　　　　D. 100

二、多选题

1. 标注尺寸的要素有（　　　）。

A. 尺寸线　　　　B. 尺寸界线　　　　C. 尺寸起止符号　　D. 尺寸数字

2. 半径、直径的尺寸标注应在半径、直径数字前加注字母（　　　）来表示。

A. ϕ　　　　　　B. R　　　　　　C. S　　　　　　D. T

3. 下列哪些图例用粗实线表示（　　　）。

A. 新建建筑物　　　　　　　　　　B. 原有建筑物

C. 比例小于或等于 1:100 的墙体　　　D. 新建的地下建筑物或构筑物

4. 下列说法哪些是对的（　　　）。

A. 门立面图中的斜线如为实线为外开，虚线为内开

B. 窗立面图中的斜线如为实线为内开，虚线为外开

C. 窗平面图：下为外，上为内

D. 门剖面图：左为外，右为内

5. 按用途不同，建筑可分为（　　　）。

A. 民用建筑 　　　　B. 低层建筑 　　　　C. 工业建筑

D. 砖混建筑 　　　　E. 农业建筑

6. 下列属于居住建筑的 (　　　)。

A. 旅馆 　　　　B. 宾馆 　　　　C. 住宅 　　　　D. 公寓 　　　　E. 宿舍

7. 按层数不同，建筑可分为 (　　　)。

A. 私有住宅 　　　　B. 低层住宅 　　　　C. 多层住宅 　　　　D. 中高层住宅

E. 高层住宅

8. 按承重结构的材料不同，常见建筑可分为 (　　　)。

A. 木结构建筑 　　　　B. 钢筋混凝土结构建筑 　　　　C. 充气结构建筑

D. 钢结构建筑 　　　　E. 混合结构建筑

9. 一般建筑由 (　　　) 及门窗等部分组成。

A. 基础 　　　　B. 墙柱 　　　　C. 楼、屋盖 　　　　D. 通气道

E. 楼、电梯

10. 建筑构造设计时应满足 (　　　) 等要求。

A. 结构安全 　　　　B. 建筑美观 　　　　C. 保温 　　　　D. 隔声

E. 节能

三、能力拓展题

1. 已知下列两点的两个投影，作出其第三投影，并判别其相对位置。

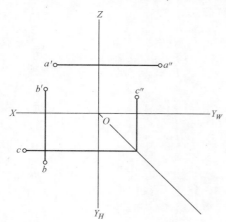

A 在 B 的 (　　　) 方;

B 在 C 的 (　　　) 方;

A 在 C 的 (　　　) 方。

2. 已知点 A (10, 10, 5)，B (10, 10, 20)，C (15, 10, 20)，D (10, 5, 20)，求作其三面投影，并判别重影点的可见性。

3. 已知三点到各投影面的距离，求三面投影。

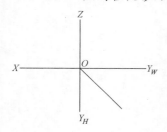

点	距 W 面	距 V 面	距 H 面
A	10	25	0
B	5	8	15
C	0	12	5

4. 求下列直线的第三投影，并判别直线的空间位置。

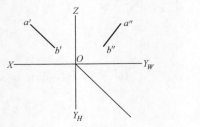 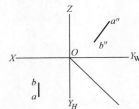

（1）AB 为_____线 （2）AB 为_____线

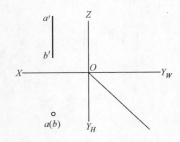

（3）AB 为_____线

5. 补全下图中直线的第三投影，并判断其空间位置。

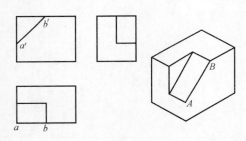

AB 为_____线。

6. 标出下图中 AB、CD 直线的三面投影，并判断其空间位置。

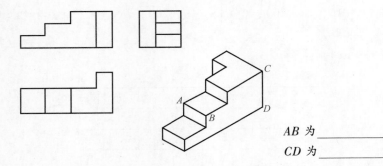

AB 为_____线；

CD 为_____线。

7. 在投影图上注明各表面的三面投影，并判断其空间位置。

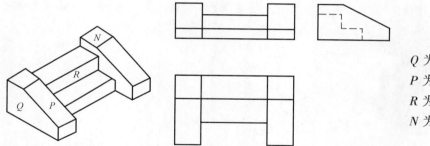

Q 为_____平面；

P 为_____平面；

R 为_____平面；

N 为_____平面。

8. 根据平面立体的两面投影，补绘第三投影。

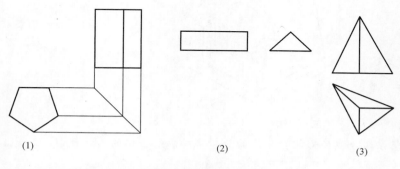

(1)　　　　　　　　　(2)　　　　　　　　　(3)

9. 已知圆柱体的正面投影，求其他两投影。

10. 已知圆锥体的正面投影，求其他两投影。

11. 已知球体的半径为 5，求其三面投影。

12. 根据组合体的轴测图（尺寸由轴测图直接量取），求作三面投影图。

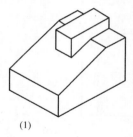
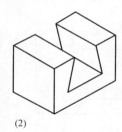

(1)　　　　　　　　　(2)

13. 已知组合体的轴测图（尺寸由轴测图直接量取），求作三面投影图，并标注尺寸。

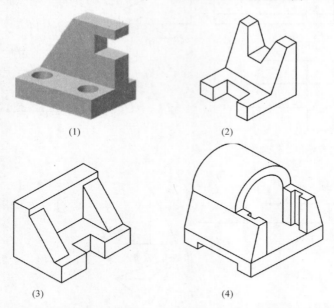

(1)　　　　　　　　　　(2)

(3)　　　　　　　　　　(4)

14. 根据两面视图，想象组合体的形状，用线面分析法补画组合体的第三视图。

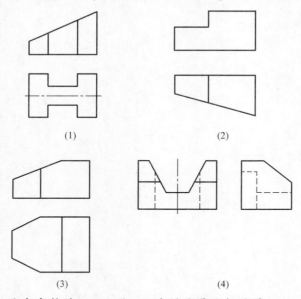

(1)　　　　　　　　　　(2)

(3)　　　　　　　　　　(4)

15. 画出完整的 1—1、2—2 的剖面图及断面图。

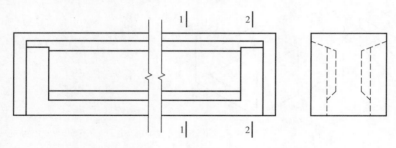

16. 观察下图，分析图中所用线型对应的线宽分别是多少？试按所选线宽组画出此图。

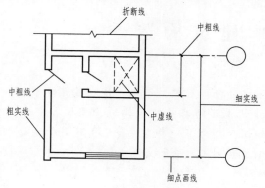

单元2 建筑构造

本单元主要介绍建筑物的各构造组成部分：基础、墙体、楼地层、楼梯、门窗、屋顶。通过本单元的学习，我们应逐步认识了解房屋建筑构造，掌握各部分的构造作用、构造设计原理、构造施工方法等知识，并为下一步能综合运用建筑构造知识进行建筑施工图的识读、理解设计意图、初步建立施工概念打好基础。

子单元1 基 础

知识目标：1. 掌握地基与基础的基本概念。

　　　　　　2. 理解基础埋置深度的概念及影响因素。

　　　　　　3. 了解基础分类的方法及基础的类型。

能力目标：1. 能分清地基与基础，能判别刚性基础和柔性基础，能知道选择基础类型的方法。

　　　　　　2. 会根据具体影响因素初步确定基础的埋置深度。

学习重点：1. 地基与基础的关系。

　　　　　　2. 影响基础埋深的因素。

　　　　　　3. 刚性和柔性基础的构造。

2.1.1 地基与基础概述

1. 地基、基础及其与荷载的关系

（1）基础与地基的基本概念和作用

建筑物的最下面的部分，与土层直接接触的部分称为基础。支承建筑物重量的土层或岩层称为地基。基础是建筑物的一个组成部分，而地基则是基础下面的土层，不是建筑物的组成部分。基础承受建筑物的全部荷载，并将荷载传给下面的地基。

（2）地基、基础与荷载的关系

地基和基础共同作用，使得建筑物稳定、安全、坚固耐久，因此要求地基具有足够的承载能力。在进行结构设计时，必须计算基础下面的地基的承载能力。直接承受建筑物荷载的地基土层称为持力层，基础必须支承在持力层上才能确保建筑物安全稳定。

（3）地基的分类

地基按土层的性质分为天然地基和人工地基两大类。

1）天然地基是指天然状态下具有足够的承载力，不需经过人工处理就可以直接承受建筑物荷载的地基。如，岩石、碎石、砂土、粘性土等。

2）当天然土层的承载能力较差，作为地基没有足够的强度和稳定性，必须对土层进行人工加固后才能承受建筑物的荷载，这种经过人工处理的土层称为人工地基。

常用的人工加固地基的方法有压实法（图 2-1）、换土法和桩基等。

2. 基础的埋置深度及其影响因素

（1）基础的埋置深度

从室外设计地面到基础底面的垂直距离称为基础的埋置深度，简称基础埋深（图 2-2）。

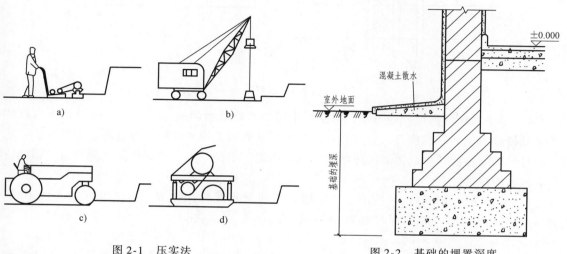

图 2-1 压实法

a）夯实法   b）重锤夯实法   c）机械碾压法   d）振动压实法

图 2-2 基础的埋置深度

基础埋深大于或等于 5m 的称为深基础；埋深小于 5m 的称为浅基础。

考虑经济因素，基础的埋置深度越小，工程造价越低。但基础埋置深度过小时，有可能在地基受到压力后，会挤出基础四周的土体，使基础产生滑移而失稳。

另外，埋置深度过浅容易受到自然因素的影响和侵蚀，从而影响到建筑物的稳定、安全和使用寿命。因此，基础的埋置深度不应小于 0.5m（图 2-3）。

（2）影响基础埋深的因素

影响基础埋置深度的因素很多，主要考虑以下几方面：

1）建筑物的使用要求：一般高层建筑的基础埋置深度为地面以上建筑总高度的 1/15 ~ 1/18。当建筑物设置地下室、设备基础和地下设施时，基础埋置深度应满足其使用要求。

2）作用在地基上的荷载大小与性质：一般情况下荷载越大，基础埋置深度越深。

3）工程地质条件：基础底面应尽量选在常年未经扰动而且坚实平坦的土层上，该土层俗称老土层。具体详见图 2-4、图 2-5 所示。

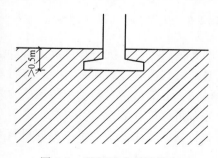

图 2-3 基础最小埋置深度

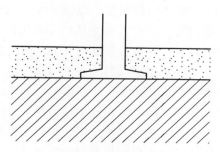

图 2-4 基础以老土为持力层

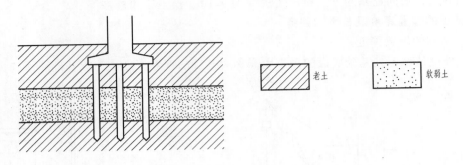

图 2-5 桩基础

4）地下水位的高低：地下水位对某些土层的承载能力影响很大，为了避免地下水位的变化直接影响地基的承载力，同时防止地下水对基础施工带来麻烦，并且防止有侵蚀性的地下水对基础的腐蚀，一般将基础尽量埋置在最高地下水位以上，当无法满足要求时，基础应采取防水构造措施。

5）地基土的冻结深度：冻结土与非冻结土的分界线称为冰冻线。各地区的气候不同，低温持续时间不同，冻土深度也有所不同，如黑龙江地区为 2～2.2m，辽宁地区为 1～1.4m，北京地区为 0.8～1m，而南京、上海、重庆等地区则基本不考虑冻结土。

土的冻结对建筑的影响主要来自于土冻结后产生的冻胀现象，该现象主要与地基土颗粒的粗细程度、土冻结前的含水量、地下水位高低有关。

冬季土的冻胀会产生冻胀力将基础向上拱起，气温回升，土层解冻，基础下沉，冻融循环使基础处于不稳定状态，会产生变形，严重时引起开裂破坏。因此基础埋深应考虑冻土的影响。

6）相邻建筑物的基础埋深：新建建筑物的基础埋深不宜大于原有建筑物的基础埋深，以免施工期间影响原有建筑物的安全。如果新建建筑物基础必须在原有建筑物基础底面以下时，两基础需保持一定的距离。此距离一般为两基础地面高差 2 倍，如图 2-6 所示，$l = 2\Delta H$。

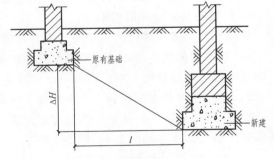

图 2-6 相邻建筑物的基础埋深

2.1.2 刚性基础与柔性基础

1. 刚性基础

用刚性材料制作，底面宽度扩大受刚性角限制的基础称为刚性基础。常用的刚性基础材料有砖、石、素混凝土等，这些材料都具有抗压强度高，而抗拉、抗剪强度低的特性。

土体单位面积的承载能力较小，因此上部结构通过基础将其荷载传给地基时，只有将基础底面积不断扩大，才能满足地基受力的要求。经试验得知，上部结构在基础中传递压力是沿一定角度分布的，这个传力角度称为刚性角，或压力分布角，以 α 表示（图 2-7）。

在设计中为方便使用，一般刚性角用基础台阶的宽度与高度之比值来表示。不同材料和不同基底压力应选择不同的宽高比（表 2-1）。

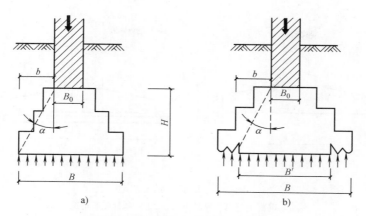

图 2-7 刚性基础的受力、传力特点

a) 基础在刚性角范围内传力 b) 基础底面宽超过刚性范围而破坏

表 2-1 刚性基础台阶宽高比的允许值

基础材料	质量要求	台阶宽高比允许值		
		$p_k \leqslant 100$	$100 < p_k \leqslant 200$	$200 < p_k \leqslant 300$
混凝土基础	C15 混凝土	1:1.00	1:1.00	1:1.25
毛石混凝土基础	C15 混凝土	1:1.00	1:1.25	1:1.50
砖基础	砖不低于 MU10,砂浆不低于 M5	1:1.50	1:1.50	1:1.50
毛石基础	不低于 M5 砂浆	1:1.25	1:1.50	—
灰土基础	体积比 3:7 或 2:8 的灰土,其最小密度: 粉土　15.5kN/m³ 粉质粘土　15.0kN/m³ 粘土　14.5kN/m³	1:1.25	1:1.5	—
三合土基础	体积比 1:2:4 ~ 1:3:6(石灰:砂:骨料) 每层约虚铺 220mm,夯至 150mm	1:1.5	1:2.00	—

注:表中 p_k 为荷载效应标准组合时,基础底面处的平均压力值,单位为 kPa。

2. 柔性基础（非刚性基础）

用非刚性材料（如钢筋混凝土）制作,基础底面宽度的加大不受刚性角限制的基础称为柔性基础。

当建筑物的荷载比较大,而地基承载力比较小时,基础底面必须要加宽,如果采用刚性材料,势必会加大基础的深度,从而增加材料的使用量和挖土方工作量,对造价和工期都不利。如果在混凝土基础的底部配以受力钢筋,由钢筋承受拉力,则使基础底部能够承受较大的弯矩。钢筋混凝土基础如图 2-8 所示。

在同样条件下,钢筋混凝土基础比素混凝土基础节省大量的混凝土材料和挖土方工作量,因而使用较为广泛。

2.1.3 基础的构造形式

基础的构造形式基本上是由建筑物上部的结构形式、荷载大小和地基承载力情况确定

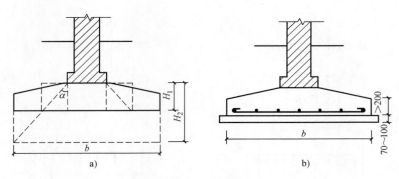

图 2-8　钢筋混凝土基础

a）混凝土与钢筋混凝土比较　b）基础配筋情况

的。当上部荷载增大，地基承载能力有变化时，基础的形式也随之变化。常用的构造形式有以下几种基本类型。

1. 独立基础（图 2-9）

当建筑物上部结构采用框架结构或单层排架结构承重时，基础常采用方形或矩形的单独基础，称为单独基础或独立基础，其形式有阶梯形、锥形等。当柱采用预制钢筋混凝土构件时，基础做成杯口形，将柱子插入并嵌固在杯口内，称为杯形基础。

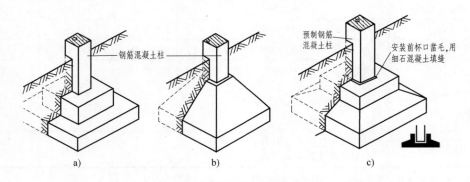

图 2-9　独立基础

a）阶梯形基础　b）锥形基础　c）杯形基础

2. 条形基础

条形基础是连续带形的基础，当建筑物上部结构采用墙体承重时，基础沿墙身设置成长条形，称为墙下条形基础，它是墙承重建筑基础中最基本的形式（图 2-10）。

3. 井格式基础

当框架结构的地基条件较差时，为防止柱间产生不均匀沉降，从而提高建筑物的整体性，常将基础沿纵、横两个方向连接起来，做成十字交叉的条形，称为井格式基础（图 2-11）。

4. 筏形基础

当建筑物上部荷载较大，而地基承载能力较弱时，采用简单的条形基础或井格式基础已不能满足需要，通常将墙或柱下基础连成一片形成钢筋混凝土筏板，使建筑物的荷载承受在一块整板上，称为筏形基础（图 2-12）。

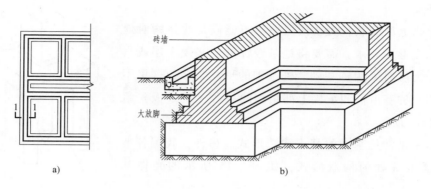

图 2-10　条形基础

a）平面　b）1—1 剖面

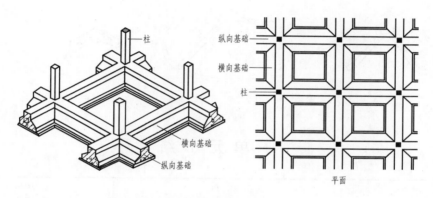

图 2-11　井格式基础

5. 箱形基础

对于建筑物上部荷载较大、地基不均匀沉降要求严格的高层建筑、重型建筑或软土地基上的多层建筑，为增加空间刚度，常将基础做成箱形基础。箱形基础是由钢筋混凝土底板、顶板和若干纵横墙组成，形成空心箱体的整体结构（图 2-13）。基础的中空部分可作地下室。

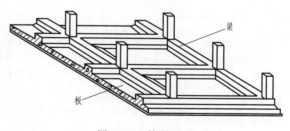

图 2-12　筏形基础

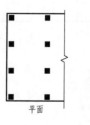

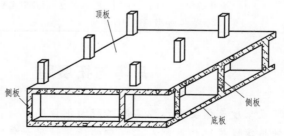

图 2-13　箱形基础

6. 桩基础

当建筑物上部荷载较大，浅层地基不能满足建筑物对地基承载力和变形的要求，需要将地基较深处的坚硬土层或岩石层作为持力层时采用桩基础。桩基础的形式很多，这里不做过多说明。桩基由桩和承接上部结构的承台（梁或板）组成，如图2-14所示。

以上六种是常见基础的基本构造形式。另外，我国各地还有一些新型基础的构造形式，如图2-15所示的壳体基础等。

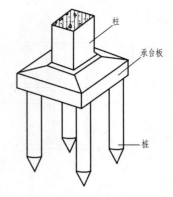

图2-14　桩基础的组成

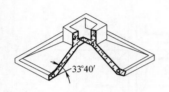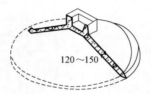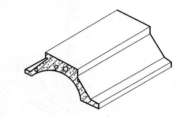

图2-15　壳体基础

子 单 元 小 结

子　项	知识要点	能力要点
地基与基础的区别	基础是建筑物的组成部分，地基不是建筑物的组成部分，只是在建筑物荷载作用下产生变形的土层。基础承受建筑物上部所有荷载并将荷载传给地基	
基础埋置深度及影响因素	从室外设计地面到基础底面的垂直距离称为基础的埋置深度。影响因素有：建筑物的使用要求；作用在地基上的荷载大小和性质；工程地质条件；地下水位高低；地基土的冻结深度；相邻建筑的基础埋深	
刚性基础和柔性基础	用刚性材料制作，底面宽度扩大受刚性角限制的基础称为刚性基础；用非刚性材料（如钢筋混凝土）制作，基础底面宽度的加大不受刚性角限制的基础称为柔性基础	能正确区分柔性基础与刚性基础
基础的类型	常用的构造形式有：独立基础、条形基础、井格式基础、筏形基础、箱形基础和桩基础	能够分清工程中的基础类型及适用条件

思考与拓展题

1. 基础的埋置深度有何要求？以实际工程为例说明。

2. 刚性基础与柔性基础的区别？工程中的使用情况如何？

3. 以实际工程为例，来分析该工程的基础属于哪一种？适用条件及要求是什么？

子单元 2　地　下　室

知识目标：了解地下室的分类和构造组成；掌握地下室防潮、防水的构造做法。

能力目标：1. 能够区分地下室的类别，能够了解地下室的构造组成及作用。

　　　　　2. 会根据具体情况选择合适的防潮或防水构造做法。

学习重点：地下室的防潮、防水构造做法。

2.2.1　地下室构造组成及分类

1. 地下室构造组成

建筑物底层以下的使用空间称为地下室。地下室一般由墙体、底板、顶板、门窗（采光井）等部分组成，如图2-16所示。

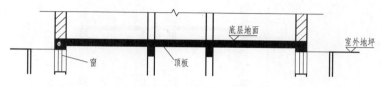

图2-16　地下室的组成

（1）墙体

地下室的墙体除了承受上部结构荷载以外，还要抵抗土体的侧向压力。因此地下室的墙体要有可靠的强度和稳定性。同时，地下室墙体处在较为潮湿的环境里，墙体材料应有良好的防潮、防水性能。一般多采用砖墙、混凝土墙或钢筋混凝土墙。

（2）底板

地下室的底板根据地下水位的情况做防潮、防水处理，多采用钢筋混凝土。底板应有良好的整体性和刚度，并具有抗渗性能。

（3）顶板

一般做法与楼板相同。人防地下室顶板的厚度、跨度、强度应按照不同级别人防的要求进行确定，顶板上面还应覆盖一定厚度的夯实土层。

（4）门窗

一般做法与其他房间的门窗相同。人防地下室的门窗应满足密闭、防冲击的要求。地下室外窗如在室外地坪以下时，应设置采光井，以利于室内采光、通风和室外行走安全，构造如图2-17所示。

2. 地下室的分类

地下室主要按照使用功能和与室外地面的位置关系进行分类。

（1）按使用功能分类

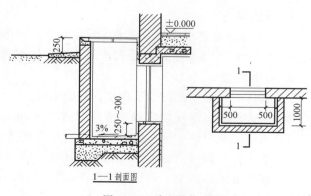

1—1剖面图

图2-17　采光井构造

1）普通地下室是建筑空间在地下的延伸，可作为车库、设备用房等。根据用途及结构需要可做成一层、二层或多层，尽量不要把人流集中的房间设置在地下室，因为地下室对疏散和防火要求较严格。

2）人防地下室是结合人防要求设置的地下空间，用以应付战时情况下人员的隐蔽和疏散，并具备保障人身安全的各项技术措施。

（2）按地下室与室外地面的位置关系分类

1）全地下室是指地下室地面低于室外地坪面的高度并超过该房间净高的1/2。全地下室埋入地面较深，多用作辅助用房和设备用房。

2）半地下室是指地下室地面低于室外地坪面的高度并超过该房间净高的1/3且不超过1/2。半地下室的采光和通风较易解决，周边环境优于全地下室（图2-18）。

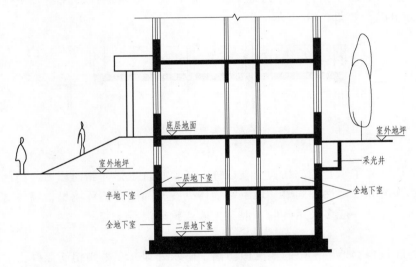

图 2-18　地下室分类

2.2.2　地下室的防潮构造

地下室埋入地下的墙体和地坪都会受到潮气和地下水的侵蚀，必须采取防潮、防水处理。

1. 设置要求

当地下水的常年水位和最高水位均在地下室地坪标高以下时，地下水不会浸入地下室内部，此时，地下室底板和外墙受到土层中潮气的影响，需要做防潮层。

2. 防潮构造

1）墙体必须采用水泥砂浆砌筑，灰缝饱满。

2）墙体外侧水泥砂浆抹面（应高出散水≥500mm）。

3）再刷冷底子油一道，热沥青两道（刷至散水底）的垂直防潮层。

4）然后在外侧回填隔水层（粘土或灰土分层回填夯实），宽度为500mm左右。

5）在所有墙体的上下设置两道水平防潮层，一道设在地下室地坪以下，一道设在室外地坪以上150～300mm处，如图2-19所示。

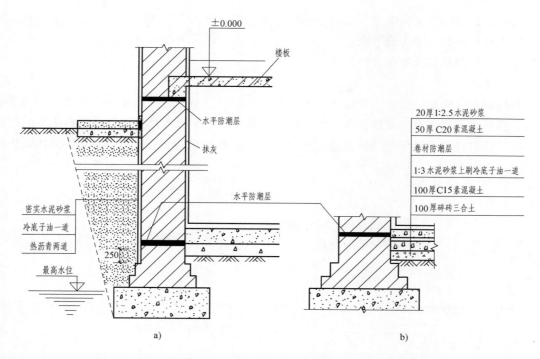

图 2-19　地下室防潮构造

a）墙身防潮　b）地坪防潮

2.2.3　地下室的防水构造

1. 设置要求

当最高地下水位高于地下室地坪时，地下水不但会侵入墙体，还会对地下室外墙和底板产生侧压力和浮力，必须采取防水措施。地下室的防水等级标准可参照表 2-2 执行。

表 2-2　地下工程防水等级标准

防水等级	标　　准
一级	不允许渗水,结构表面无湿渍
二级	不允许漏水,结构表面可有少量湿渍 工业与民用建筑:湿渍总面积不大于总防水面积的 0.1%,单个湿渍面积不大于 0.1m²,任意 100m² 防水面积不超过 2 处 其他地下工程:湿渍总面积不大于防水面积的 0.2%,单个湿渍面积不大于 0.2m²,任意 100m² 防水面积不超过 3 处
三级	有少量漏水点,不得有线流和漏泥砂 单个湿渍面积不大于 0.3m²,单个漏水点的漏水量不大于 2.5L/d,任意 100m² 防水面积不超过 7 处
四级	有漏水点,不得有线流和漏泥砂 整个工程平均漏水量不大于 2L/(m²·d),任意 100m² 防水面积的平均漏水量不大于 4L/(m²·d)

2. 防水构造

　　为满足结构和防水的需要，建筑物地下室的底板和墙体一般都采用钢筋混凝土材料，并采用防水材料来共同隔离地下水。按照建筑物的状况及选用的防水材料的不同，可以分为卷材防水、砂浆防水和涂料防水等几种。

　　（1）卷材防水

　　卷材防水的构造做法适用于经常处于地下水环境，且受侵蚀性介质或受振动作用的地下工程。卷材多采用高聚物改性沥青防水卷材或合成高分子防水卷材，铺设在结构主体的迎水面，铺设位置自底板垫层至墙体顶板的基础上，并且在外围形成封闭的防水层，具体做法可参照图2-20和图2-21所示。

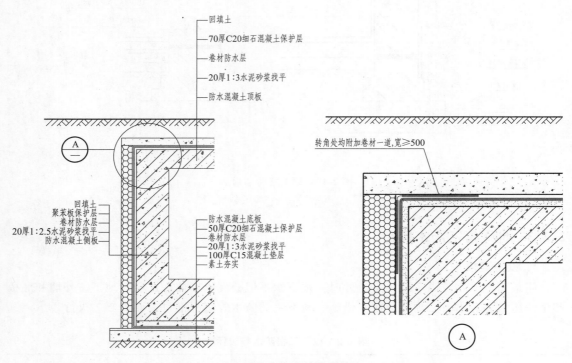

图 2-20　地下室防水卷材构造做法（一）

　　（2）砂浆防水

　　砂浆防水的构造做法适用于混凝土或砌体结构的基层上。不适用于环境有侵蚀性、持续振动或温度高于80℃的地下工程。所用砂浆可选用高聚物水泥防水砂浆、掺外加剂或掺合料的防水砂浆，施工时应采取多层抹压法。

　　（3）涂料防水

　　涂料防水的构造做法适用于受侵蚀性介质或受振动作用的地下工程主体结构的迎水面或背水面的涂刷。防水涂料分为有机防水涂料和无机防水涂料两大类，常用的有机防水涂料包括反应型、水乳型、聚合物水泥等。有机防水涂料宜做在主体结构的迎水面，无机防水涂料包括聚合物水泥基防水涂料和水泥基渗透结晶型防水涂料，适宜做在主体结构的背水面。涂料防水构造的具体做法可参照图2-20和图2-21中卷材防水的做法。

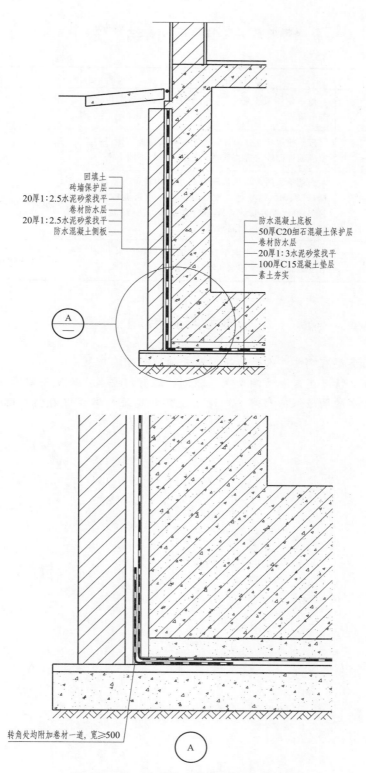

图 2-21 地下室防水卷材构造做法（二）

子 单 元 小 结

子　　项	知 识 要 点	能 力 要 点
地下室的构造组成	地下室一般由墙体、底板、顶板、门窗（采光井）等部分组成	
地下室分类	按照使用功能分为普通地下室和人防地下室；按与室外地坪面的位置关系分为全地下室和半地下室	
地下室防潮构造	当地下水的常年水位和最高水位均在地下室地坪标高以下时，需要做防潮处理。墙体用水泥砂浆砌筑，外侧水泥砂浆抹面，再刷冷底子油一道，热沥青两道，然后在外侧回填隔水层	知道防潮构造的做法及原理
地下室防水构造	当地下水位高于地下室地坪时，需要做防水处理，有卷材防水、砂浆防水和涂料防水等。	知道卷材防水构造的做法及原理

思考与拓展题

1. 地下室的类型有哪些？人防地下室与普通地下室有何区别？

2. 地下室什么情况下采取防潮处理？防潮构造有何要求？为何要回填隔水层？

3. 地下室防水的构造做法有哪些？适用于哪些建筑？工程中看到的地下室都采用了何种防水措施？

子单元 3　墙　　体

知识目标： 了解墙体的作用、类型和设计要求；熟悉砖墙的组砌方式和常用墙体厚度；掌握墙体细部构造及相应作用；了解隔墙和隔断的构造及墙体的装修构造做法。

能力目标： 1. 能明确工程中的各类墙体特点，并能处理一般的细部构造及墙面装修。
　　　　　　 2. 会运用各种不同的组砌方式，会根据不同的要求选用不同隔墙。

学习重点： 墙体的类型、承重方式、组砌方式和细部构造，常用的墙面装修做法。

2.3.1　墙体的类型和设计要求

1. 墙体的类型

根据墙体在建筑物中的位置、受力情况、材料、构造及施工方法的不同，可将墙体分为不同的类型。

（1）按墙体所在位置分类

按墙体在平面上所处位置的不同，分为外墙和内墙。位于建筑周边的墙体称为外墙；位于建筑内部的墙体称为内墙。沿建筑物短轴方向布置的墙称为横墙，外横墙又称为山墙；沿建筑物长轴方向布置的墙称为纵墙。在同片墙上，窗与窗或门与窗之间的墙称为窗间墙；窗洞下面的墙称为窗下墙；屋顶上部高出屋面的墙称为女儿墙，如图 2-22 所示。

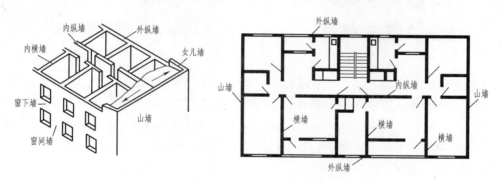

图 2-22　墙体位置名称

（2）按墙体受力情况分类

从结构受力的情况分类，墙体分为承重墙和非承重墙。墙体是否承重，应由其结构的支承体系决定。例如在框架承重体系的建筑物中，墙体完全不承重；而在墙承重体系的建筑物中，墙体就有承重和非承重之分。其中，非承重墙包括自承重墙、隔墙、填充墙和幕墙。

（3）按墙体材料分类

根据墙体建造材料的不同，墙体分为砖墙、石墙（图 2-23）、土墙（图 2-24）、砌块墙、混凝土墙（图 2-25）以及其他用轻质材料（图 2-26）制作的墙体。

（4）按墙体的构造方式和施工方法分类

按构造方式可分为实体墙、空体墙和组合墙等。实体墙由单一实体材料砌筑而成，如普通砖墙、实心砌块墙等。空体墙是由实体材料砌成中空的墙体。组合墙是由两种或两种以上材料组合成的墙体。

图 2-23　砖墙、石墙

图 2-24　土墙

图 2-25　混凝土墙的施工

图 2-26　轻质材料墙体

按施工方法可分为块材墙、板筑墙和板材墙等。块材墙是用砂浆等胶结材料将砖石等块材组砌而成，如砖墙、石墙及各种砌块墙等。板筑墙是在现场立模板，在模板内夯筑或浇筑材料捣实而成的墙体，如夯土墙、钢筋混凝土墙等。板材墙是预先制成的墙体，施工时安装而成的墙体，如预制混凝土大板墙、各种轻质条板内隔墙等。

2. 墙体的设计要求

在进行墙体设计时，应该依据其所处位置和功能的不同，分别满足以下要求：

1）具有足够的强度和稳定性，强度主要体现在材料、截面积、构造及施工方式等方面，稳定性主要体现在墙体的长度、高度和厚度等方面。

2）具有必要的保温、隔热等热工方面的性能，北方寒冷地区主要满足保温要求，南方炎热地区主要满足隔热要求。

3）满足防火要求，主要是符合防火规范中相应的燃烧性能、耐火极限的规定。

4）满足隔声要求，通常采用密实、密度大或空心、多孔的墙体材料提高隔声性能。

5）满足防潮、防水要求及经济要求。

3. 墙体的承重方案

墙体承重结构支承系统是以部分或全部建筑外墙以及若干固定不变的建筑内墙作为垂直支承系统的一种体系。墙体的承重方案有以下几种：

（1）横墙承重

横墙承重是将建筑的水平承重构件（包括楼板、屋面板、梁等）搁置在横墙上，即由横墙承担楼面及屋面荷载，如图 2-27a 所示。

横墙承重方案中，纵墙上开设门窗洞口较灵活，能有效增加建筑的刚度，提高建筑抵抗水平荷载的能力。由于横墙间距受限制，建筑开间尺寸变化不灵活，使用面积相对较小。

横墙承重方案适用于房间开间不大、房间面积较小、尺寸变化不多的建筑，如宿舍、旅馆、办公楼等。

（2）纵墙承重

纵墙承重是将建筑物的水平承重构件搁置在纵墙上，即由纵墙承担楼面及屋面荷载，如图 2-27b 所示。

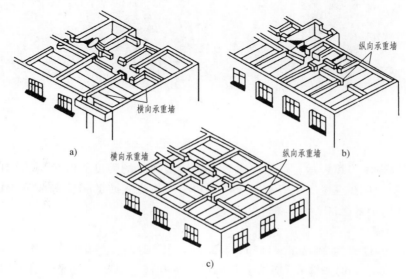

图 2-27　墙体承重方式

a）横墙承重　b）纵墙承重　c）混合承重

纵墙承重方案中，横墙可以灵活布置，易于形成较大的房间，利于施工，提高施工效率，使用面积相对较大。由于横墙不承重，建筑的整体刚度较差；纵墙上开窗不灵活，水平构件跨度较大，占用竖向空间较多。

纵墙承重方案适用于进深方向尺寸变化较少，内部空间较大的建筑，如住宅、教学楼等。

（3）纵横墙混合承重

纵横墙混合承重建筑中的横墙和纵墙都是承重墙，简称混合承重，如图 2-27c 所示。

纵横墙混合承重兼顾了横墙承重和纵墙承重的优点，适用性较强。但水平构件的类型多，占空间大，施工较复杂，墙体所占面积大，耗费材料较多。

纵横墙混合承重方案适用于开间和进深尺寸较大，平面较复杂的建筑，如住宅、医院、托幼建筑等。

2.3.2　砖墙构造

砖墙是由砖和砂浆按一定的组砌方式进行砌筑的墙体。砖墙在我国有着较为悠久的历史，并且保温、隔热及隔声效果较好，具有防火和防冻性能，有一定的承载能力，取材容易，生产制造及施工操作简单等，因此在今后一段时间内仍将广泛采用。但是，由于粘土砖占用农田，在部分地区已经限制使用。

1. 砖

（1）砖的种类

砖是传统的砌筑材料，按照砖的外观形状可以分为普通实心砖（标准砖）、多孔砖和空心砖（砖块）三种（图2-28）。按照主要原料如粘土、页岩、煤矸石、粉煤灰、混凝土等及加工工艺，可以分为烧结普通砖、烧结多孔砖、蒸压灰砂砖、蒸压粉煤灰砖和混凝土小型砌块等。

a)　　　　　　　　　　　b)　　　　　　　　　　　c)

图 2-28　砖的种类

a）标准砖　b）多孔砖　c）空心砖

砖的标号以强度等级表示，烧结普通砖和烧结多孔砖的强度等级分别为 MU30、MU25、MU20、MU15 和 MU10 五个等级，蒸压灰砂砖和蒸压粉煤灰砖的强度等级为 MU25、MU20、MU15 和 MU10 四个等级。

（2）砖的规格

我国标准砖的规格为 240mm×115mm×53mm（图2-29）。标准砖的长、宽、厚之比为4:2:1（包括 8~10mm 的灰缝）。烧结多孔砖简称多孔砖，是指以粘土、页岩、煤矸石或粉煤灰为主要原料，经焙烧而成的具有竖向孔洞（孔洞率不小于 25%，孔的尺寸小而数量多）的砖。其外形尺寸，长度为 290mm、240mm、190mm 等规格，宽度为 240mm、190mm、180mm、175mm、140mm、115mm 等规格，高度为 90mm。

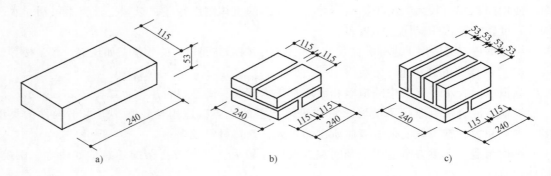

图 2-29　标准砖的规格

a）标准砖　b）、c）砖的组合

2. 砂浆

砂浆是砌筑墙体的粘结材料，将砖粘结在一起形成整体，并将砖块之间的缝隙填实，便于上下层砖块之间荷载的均匀传递，以保证墙体的强度。

砌筑墙体的砂浆主要有水泥砂浆、石灰砂浆和混合砂浆三种。水泥砂浆属于水硬性材料，强度高，适合于砌筑潮湿环境或荷载较大的墙体，如地下部分的墙体和基础等。石灰砂浆属于气硬性材料，强度不高，防水性能较差，多用于砌筑非承重墙或荷载较小的墙体。混合砂浆的强度较高，和易性和保水性较好，使用较为频繁，宜在基础以上部位采用。

砂浆的强度等级分为 M15、M10、M7.5、M5 和 M2.5 五个等级，其中常用的是 M10、M7.5 和 M5。

3. 砖墙尺寸

砖墙尺寸主要包括砖墙的厚度、墙段长度和墙体高度等方面，重点说明砖墙厚度的尺寸。

砖墙的厚度习惯上以砖长为基数来称呼，如半砖墙、一砖墙、一砖半墙等。工程上以标志尺寸来称呼，如12墙、24墙、37墙等。常用砖墙厚度的尺寸见表2-3。

表2-3　砖墙厚度的尺寸　　（单位：mm）

墙厚名称	半砖墙	3/4 砖墙	一砖墙	一砖半墙	两砖墙
工程称呼	12 墙	18 墙	24 墙	37 墙	49 墙
标志尺寸	120	180	240	370	490
构造尺寸	115	178	240	365	490
砖墙断面					

4. 组砌方式

砖墙的组砌方式是指砖在砖墙中的排列方式。为了保证墙体的强度、稳定性等要求，砌筑时应保证砖缝横平竖直、上下错缝、内外搭接，避免形成竖向通缝，砂浆应饱满、厚薄均匀。在砖墙的组砌中，长边平行于墙面砌筑的砖称为顺转，垂直于墙面砌筑的砖称为丁砖（图2-30）。

砖墙的组砌方式很多，应根据墙体厚度、墙面观感和施工便利进行选择，常见

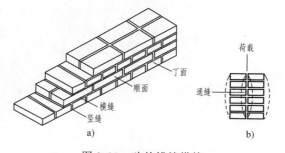

图2-30　砖的错缝搭接
a）错缝搭接　b）通缝引起的破坏状态

的组砌方式有全顺式、一顺一丁式、多顺一丁式、十字式（也称梅花丁）等，具体如图2-31所示。

2.3.3　砖墙的细部构造

墙体的细部构造包括散水、明沟、勒脚、窗台、门窗过梁、圈梁、构造柱和变形缝等，详见图2-32。

1. 散水和明沟

为保护墙基不受雨水的侵蚀，常在建筑物外墙四周将地面做成向外倾斜的坡面，以便将

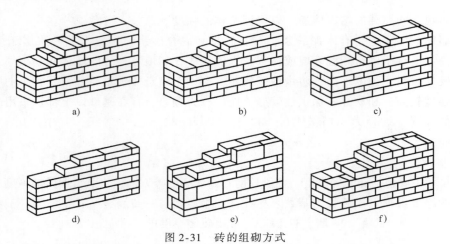

图 2-31　砖的组砌方式

a）240 砖墙（一顺一丁）　b）240 砖墙（多顺一丁）　c）240 砖墙（十字式）
d）120 砖墙（全顺式）　e）180 砖墙　f）370 砖墙

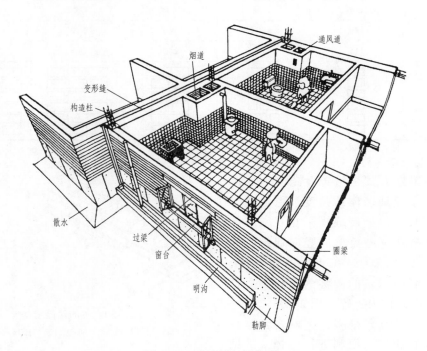

图 2-32　砖墙的细部构造

屋面雨水排至远处，这一坡面称为散水。还可以在外墙四周做明沟，将通过雨水管汇集的雨水导向地下排水系统。

　　一般雨水较多的地区多做明沟，干燥的地区多做散水。散水所用材料与明沟相同，可用水泥砂浆、混凝土、砖、块石等作为面层材料。散水坡度一般为 3% ～ 5%，宽度一般为 600 ～ 1000mm。散水和明沟的构造如图 2-33 所示。由于散水和明沟都是在外墙面装修完成后施工的，故散水、明沟与建筑物主体之间应留有缝隙，用油膏嵌缝，防止交界处拉裂被雨水渗入。散水整体面层纵向距离每隔 6 ～ 12m 做一道伸缩缝，缝内处理如图 2-33b 所示。

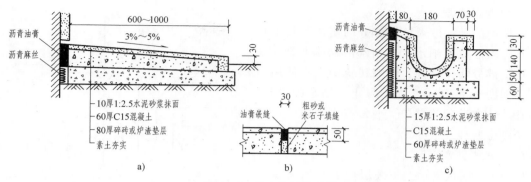

图 2-33　散水和明沟的构造

a）混凝土散水构造　b）散水伸缩缝构造　c）混凝土明沟构造

2. 勒脚

勒脚是外墙身接近室外地面的部分。勒脚的作用是防潮、防水、防冻，防止外界机械碰撞，美化建筑立面。所以要求勒脚坚固、防水和美观。高度一般不低于室内地坪与室外地面的高差部分，一般应在 500mm 以上，有时为了建筑立面形象的要求，可以把勒脚高度顶部提高到底层窗台处。

勒脚通常采用饰面的做法，即采用密实度大的材料来装饰勒脚。常见的有水泥砂浆、斩假石、水刷石、贴面砖、贴天然石材等。当墙体材料防水性能较差时，勒脚部分的墙体应当换用防水性能较好的材料，勒脚构造如图 2-34 所示。

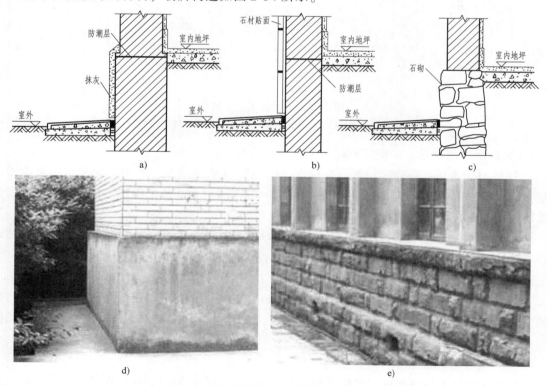

图 2-34　勒脚构造

a）抹灰勒脚构造　b）贴面勒脚构造　c）石砌勒脚构造　d）抹灰勒脚实例　e）石砌勒脚实例

3. 墙身防潮层

土壤中的潮气进入地下部分的墙体和基础材料的孔隙内形成毛细水，毛细水沿墙体上升，逐渐使地上部分墙体受潮，影响建筑的正常使用和安全，如图2-35所示。为了阻止毛细水的上升，应当在墙体中设置防潮层，通常有水平防潮层和垂直防潮层两种。

（1）水平防潮层

1）防潮层的位置。防潮层应设在所有墙体的根部。防潮层的位置设置不当，就不能完全阻隔地下的潮气，一般应设在距室外地面150mm以上的墙体内，同时，防潮层应设置在底层地面构造层（如混凝土垫层）厚度范围之内的墙体砖缝

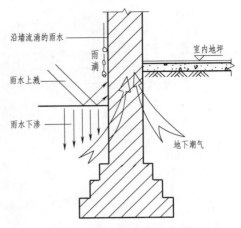

图2-35 墙身受潮示意图

中，通常选择在 −0.060m 处，以保证防潮效果。具体如图2-36c所示。

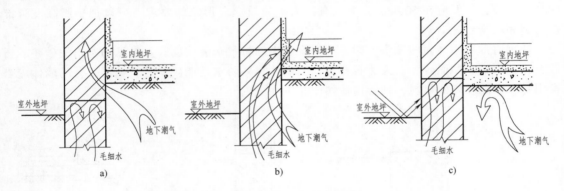

图2-36 水平防潮层的位置
a）位置偏低 b）位置偏高 c）位置适当

2）防潮层的做法。防潮层有以下几种常用的做法。

① 卷材防潮层：在防潮层部位先用20厚1:3水泥砂浆找平，然后干铺油毡一层或做一毡二油。这种做法防水效果较好，但因防水卷材隔离，削弱了砖墙的整体性，不应在刚度要求较高或地震区采用，详见图2-37a。

② 防水砂浆防潮层：在防潮层位置抹20厚1:2水泥砂浆添3%～5%的防水剂。这种做法不破坏墙体的整体性，且省工省料，适用于抗震地区、独立砖柱或振动较大的砖砌体中，但砂浆硬化后易开裂会影响防潮效果，详见图2-37b。

③细石混凝土防潮层：在防潮层位置浇筑60厚的C20细石混凝土，内配3φ6或3φ8的钢筋。这种做法抗裂性能较好，与砌体结合紧密，多用于整体刚度要求较高的建筑中，详见图2-37c。

（2）垂直防潮层

当室内地坪出现高差或室内地坪低于室外地面时，不仅要求墙身按地坪高差的不同设置两道水平防潮层，而且为了避免高地坪房间填土中的潮气侵入低地坪房间的墙面，对有高差

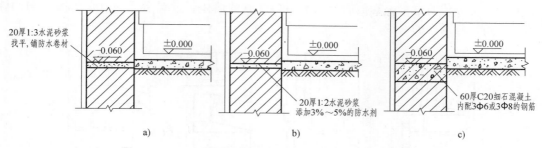

图 2-37　水平防潮层的做法

a）卷材防潮层　b）防水砂浆防潮层　c）细石混凝土防潮层

部分的垂直墙面也要采取防潮措施。具体做法如图 2-38 所示。

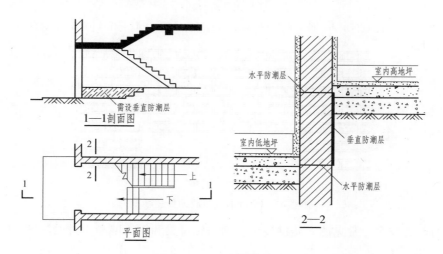

图 2-38　墙身垂直防潮层

4. 窗台

当室外雨水沿窗扇流淌时，为避免雨水聚积在窗下并侵入墙身，进而沿窗框向室内渗透（图 2-39），可以在窗下靠室外一侧设置泻水构件即窗台，窗台须向外形成一定的坡度，以利排水。

窗台有悬挑和不悬挑两种。悬挑窗台常采用顶砌一皮砖出挑 60mm 或将一砖侧砌并出挑 60mm，也可采用钢筋混凝土窗台。窗台表面的坡度可由斜砌的砖形成，也可用 1:2.5 水泥砂浆抹出，并在挑窗台底部边缘处抹灰时做滴水线或滴水槽，如图 2-40 所示。

5. 门窗过梁

当墙体上开设门窗洞口时，为了支承洞口上部砌体传来的各种荷载，并将这些荷载传给墙体，常在洞口上设置横梁，该梁称为过梁。一般来说，因为砌筑块材之间错缝搭接，所以过梁上墙体的重量并不是全部传给过

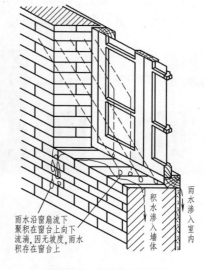

图 2-39　窗台泻水情况

梁，而是一部分传给过梁，其他的仍传给洞口两侧的墙体，过梁承受的重量为图 2-41 中粗线内呈三角形范围内的荷载。

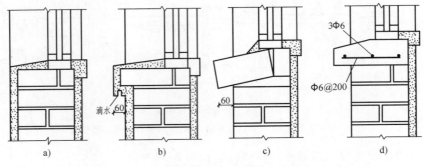

图 2-40 窗台构造

a）不悬挑窗台 b）粉滴水的悬挑窗台 c）顺砌砖窗台 d）预制钢筋混凝土窗台

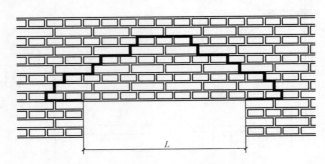

图 2-41 洞口上方荷载的传递情况

过梁的形式较多，常见的有砖拱过梁、钢筋砖过梁和钢筋混凝土过梁三种。

（1）砖拱过梁

砖拱过梁是我国传统的做法，常见形式有平拱、弧拱和半圆拱三种。其跨度最大可达 1.2m，当过梁上有集中荷载、振动荷载或可能产生不均匀沉降的房屋及需要抗震设防的地区，均不宜使用，实例如图 2-42。

图 2-42 砖拱过梁实例

a）平拱 b）弧拱 c）半圆拱

（2）钢筋砖过梁

钢筋砖过梁多用于跨度在 1.5m 以内的洞口上。每一砖厚墙配 2~3 根 φ6 钢筋，并放置在第一皮砖与第二皮砖之间，也可放在第一皮砖下的砂浆内。为了使洞口上的砌体与钢筋共同构成过梁，常在相当于 $L/3$ 的高度内（一般不小于 5 皮砖）用 M5 级水泥砂浆砌筑，如图 2-43 所示。

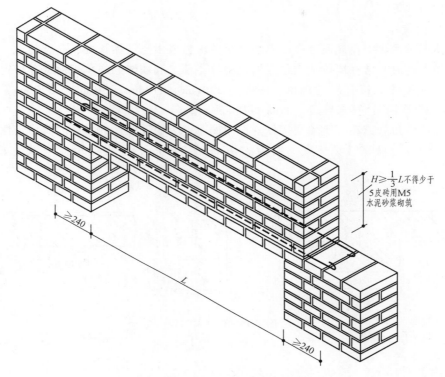

图 2-43　钢筋砖过梁示意图

（3）钢筋混凝土过梁

钢筋混凝土过梁一般不受跨度的限制。过梁宽一般与墙厚相同，高度与砖的皮数相适应，常为 60mm、120mm、180mm、240mm 等。过梁伸入洞口两侧墙体内的长度不小于 240mm。钢筋混凝土过梁有现浇和预制两种，其中预制钢筋混凝土过梁施工方便、速度快、省模板等，应用较为广泛。钢筋混凝土过梁如图 2-44 所示。

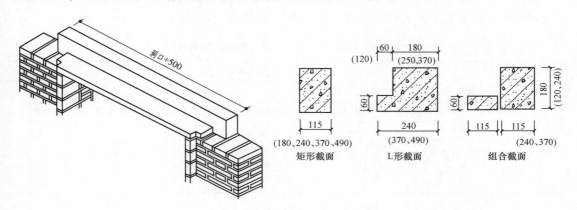

图 2-44　钢筋混凝土过梁示意图

6. 墙身加固

由于墙体可能承受上部集中荷载以及开设门窗洞口、遭受地震等因素，使墙体的强度及稳定性有所降低，因此要考虑对墙身采取加固措施。常用的加固措施有增设壁柱和门垛、设置圈梁和构造柱等。

（1）增设壁柱和门垛

当墙体因承受集中荷载而使强度不能满足要求，或由于墙体长度、高度超过一定限度而影响墙体稳定性时，常在墙体适当位置增设壁柱，使之和墙体共同承担荷载并稳定墙身。壁柱突出墙面的尺寸应符合砖的规格，一般为 120mm×370mm、240mm×370mm、240mm×490mm，或根据结构计算来确定，如图 2-45a 所示。

当在墙体转角处或在丁字墙交接处开设门洞时，为保证墙体的承载力及稳定性，且便于安装门窗，应设门垛。门垛长度一般为 120mm 或 240mm，宽度同墙厚一致，如图 2-45b 所示。

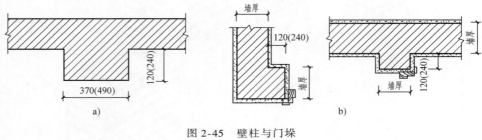

图 2-45　壁柱与门垛
a）壁柱　b）门垛

（2）圈梁

圈梁是沿外墙及部分内墙的水平方向设置的连续闭合的梁。圈梁的作用是提高房屋的整体刚度，增强稳定性，减少地基不均匀沉降或振动荷载引起的开裂，提高房屋抗震能力。

1）圈梁的设置要求：混合结构中的圈梁在建筑中往往不止设置一道，其数量与建筑的高度、层数、地基情况和抗震要求有关，表 2-4 按照不同的抗震设防烈度给出圈梁的位置要求。圈梁通常设置在基础顶、楼面板、屋面板等处，可与门窗过梁合一。特殊情况下，当遇有门窗洞口致使圈梁局部截断时，应在洞口上方增设相同截面的附加圈梁，其与圈梁的搭接长度不应小于其垂直中距的两倍，且不得小于 1m，如图 2-46 所示。

表 2-4　砖房现浇钢筋混凝土圈梁设置要求

墙体类型	地震设防烈度		
	6、7 度	8 度	9 度
外墙和内纵墙	屋面板处及每层楼面板处	屋面板处及每层楼面板处	屋面板处及每层楼面板处
内横墙	同上；屋面板处间距不大于 7m，楼面板处间距不大于 15m，构造柱对应部位	同上；屋面板处沿所有横墙，且间距不大于 7m，楼面板处间距不大于 7m，构造柱对应部位	同上；各层所有横墙

2）圈梁的构造：圈梁是墙体的一部分，与墙体共同承重，不单独承重，只需进行构造

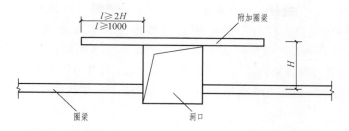

图 2-46　附加圈梁

配筋。圈梁高度一般不小于 120mm，构造配筋在 6、7 度抗震设防时为 4Φ10；8 度设防时为 4Φ12；9 度设防时为 4Φ14。箍筋一般采用 Φ6，按 6、7 度，8 度，9 度设防其间距分别为 250mm，200mm 和 150mm。实例如图 2-47 所示。

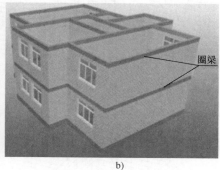

图 2-47　圈梁实例
a）圈梁配筋实例　b）圈梁成型实例

（3）构造柱

构造柱是从构造角度考虑设置在墙体内的钢筋混凝土现浇柱，与圈梁共同形成空间骨架，以增强房屋的整体刚度，提高墙体抵抗变形的能力。

1）构造柱的设置要求：一般设在建筑物比较容易发生变形的部位，如外墙四角、纵横墙交接处、楼梯间和电梯间四角、较大洞口两侧和较长墙体中部。表 2-5 是一般多层砖房内构造柱的设置要求。

表 2-5　砖房构造柱设置要求

地震设防烈度				设 置 部 位	
6 度	7 度	8 度	9 度		
房屋层数					
四、五	三、四	二、三		楼梯间、电梯间的四角、楼梯段上下端对应的墙体处；外墙四角和对应转角；错层部位横墙与外纵墙交接处，较大洞口两侧，大房间内外墙交接处	隔 15m 或单元横墙与外纵墙交接处
六、七	五	四	二		隔开间横墙（轴线）与外墙交接处，山墙与内纵墙交接处
八	六、七	五、六	三、四		内墙（轴线）与外墙交接处，内墙局部较小墙垛处
					9 度时内纵墙与横墙（轴线）交接处

2）构造柱的构造：构造柱不单独承重，不需设独立基础，但其下端应伸入基础梁内或伸入室外地坪以下 500mm 处。在施工时必须先砌墙再支模最后浇筑。最小截面为 240mm ×180mm。纵向配筋最小 4Φ12，箍筋Φ6 间距不大于 250mm，与圈梁连接端要加密箍筋至间距为100mm。墙体与构造柱连接处要砌筑成马牙槎的形式，从下部开始每隔 300mm 先退后进各 60mm，并且沿墙体高度每隔 500mm 设 2Φ6 拉结钢筋，拉结筋每边伸入墙体不小于 1m（图 2-48）。

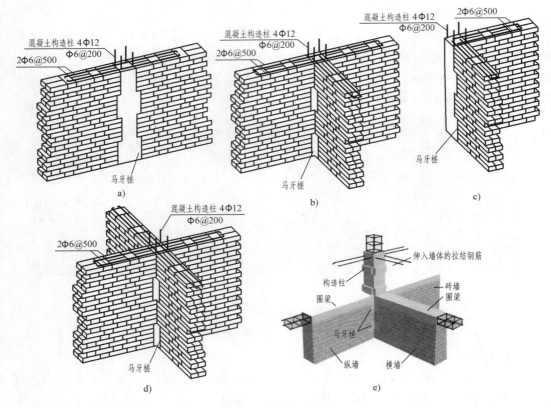

图 2-48　构造柱的构造

a）墙体中部　b）T 形墙　c）L 形墙　d）十字形墙　e）构造柱与圈梁

7. 墙体保温隔热构造

作为围护的外墙，对热工的要求十分重要，在寒冷的地区要求外围护结构具有良好的保温性能，以减少室内热量的损失，同时还应防止在围护结构内表面出现凝结水现象。在炎热地区要求外围护结构具有一定的通风隔热措施，以防止夏季室内温度过高。这里主要介绍外墙的保温构造处理。

根据保温层和外墙面与基层墙体的相对位置，外墙保温构造的处理分为三种：保温层设在外墙的内侧，称为内保温；设在外墙的外侧，称为外保温；设在外墙的夹层空间中，称为中保温（图 2-49）。下面分别介绍这三种构造做法。

（1）外墙外保温构造

外墙外保温可以不占用室内使用面积，而且可以使整个外墙处于保温层的保护之下。但外墙面是整体连续的，同时又会直接受到阳光照射和雨雪的侵袭，故外保温构造在对抗变形

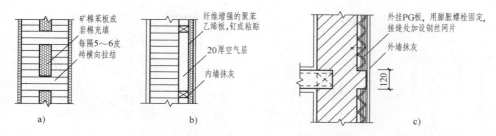

图 2-49 外墙保温层设置位置示意图

a）中保温 b）内保温 c）外保温

因素的影响和防止材料脱落，以及防火等安全方面的要求较高。

常用的外保温构造有以下几种：

1）保温浆料外粉刷。具体做法是先在外墙外表面做一道界面砂浆，然后粉刷聚苯颗粒保温浆料等保温砂浆。如果厚度较大时，应当在里面钉入镀锌钢丝网，以防止开裂。保护层用聚合物砂浆加上耐碱玻纤布，最后用柔性耐水腻子嵌平，涂表面涂料，如图2-50a所示。

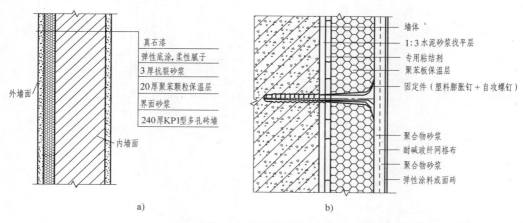

图 2-50 外墙外保温构造

a）保温浆料外粉刷构造 b）外贴保温板材构造

2）外贴保温板材。用于外保温的板材最好是自防水或阻燃型的，如聚苯板和聚氨酯外墙保温板，可省去做隔蒸汽层及防水层的麻烦，又相对安全。外保温板粘结时，应用机械锚固件辅助连接，以防止脱落。具体做法是采用粘结胶浆与辅助机械锚固方法一起固定保温板材，保护层用聚合物砂浆加上耐碱玻纤布，饰面用柔性耐水腻子嵌平，再涂表面涂料，如图2-50b 所示。

（2）外墙内保温构造

外墙内保温的优点是不影响外墙面饰面及防水等构造的做法，但需要占据较多的室内空间，减少了建筑物的使用面积，而且会给用户的自主装修带来麻烦。

常见的做法是在承重材料内侧与高效保温材料进行复合组成。承重材料可为砖、砌块和混凝土墙体，高效保温复合材料可为聚苯板、充气石膏板等。目前，由于内保温复合墙体易于安装施工，采用较多，如图 2-51 所示。

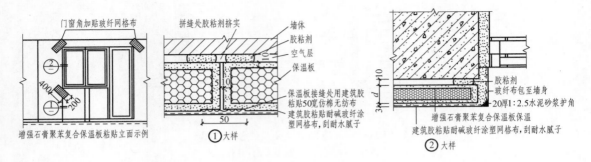

图 2-51 外墙内保温构造

（3）外墙中保温构造

按照不同的使用功能设置多道墙板或者做双层砌体墙的建筑中，外墙保温材料可以放置在这些墙板或砌体墙的夹层中（图2-52），或者并不放入保温材料，只是封闭夹层空间形成静止的空气间层，并在里面设置具有较强反射功能的铝箔等，起到阻挡热量外流的作用。

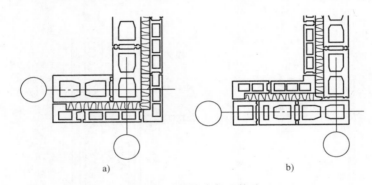

图 2-52 外墙中保温构造

a）复合砌体墙在承重墙外 b）复合砌体墙在承重墙内

2.3.4 隔墙与隔断的构造

1. 基本概念

隔墙是指用于分隔建筑物内部空间的非承重构件，其本身重量由楼板或梁来承担。隔墙一般是到顶的实墙，不仅能限制空间的范围，还能很大程度满足隔声、阻隔视线等要求。而隔断不到顶，是漏空的或活动的构件，它限定空间的程度比较小，主要起局部遮挡视线或组织交通路线等作用。

2. 隔墙的构造

（1）块材隔墙

块材隔墙是指用砖、砌块、玻璃砖等块材砌筑的墙。其构造简单，应用时要注意块材之间的结合、墙体稳定性、墙体重量及刚度对结构的影响等问题。常用的有普通砖隔墙和轻质砌块隔墙。

1）普通砖隔墙。普通砖隔墙一般采用半砖隔墙，是用标准砖采用全顺式砌筑而成。由于墙体轻而薄，稳定性较差，因此构造上要求隔墙与承重墙或柱之间连接牢固，一般要求隔墙两端的承重墙须留出马牙槎，并沿高度每 500mm 伸入 2Φ6 的拉结钢筋，伸入隔墙不小于 500mm。为了保证隔墙不承重，在隔墙顶部与楼板交接处，应斜砌一皮砖，或者预留 10～25mm 的空隙用膨胀砂浆嵌填，超过 25mm 的空隙用膨胀细混凝土嵌填，如图 2-53 所示。

　　2）砌块隔墙。为减轻隔墙自重，可采用轻质砌块，常用的有粉煤灰硅酸盐、加气混凝土、陶粒混凝土等材料制成的空心砌块。墙厚由砌块尺寸决定，加固构造措施同普通砖隔墙，砌块不够整块时，可用标准砖填补。因砌块孔隙率较大、吸水量较大，故一般在砌筑时先在墙体下部实砌 3～5 皮实心砖再砌砌块，如图 2-54 所示。

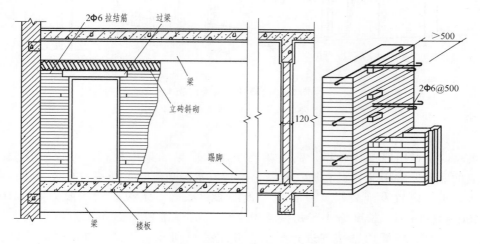

图 2-53　半砖隔墙构造

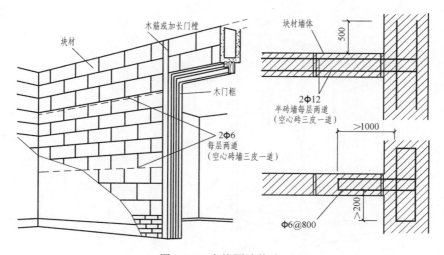

图 2-54　砌块隔墙构造

（2）轻骨架隔墙

　　轻骨架隔墙又称立筋隔墙，由骨架和面层两部分组成。骨架有木骨架和金属骨架，面板有胶合板、纸面石膏板、钙塑板、铝塑板、纤维水泥板等。木骨架分为上槛、下槛、墙筋、横撑或斜撑，金属骨架分为沿顶龙骨、沿地龙骨、竖向龙骨、横撑龙骨、加强龙骨等。构造做法是先固定骨架，再在骨架上安装各种饰面板，如图 2-55 所示。

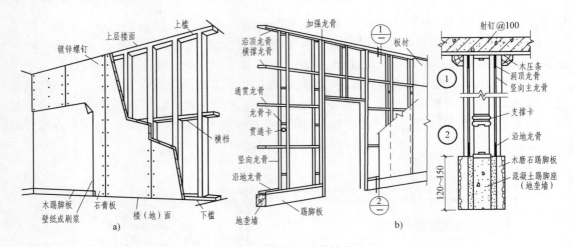

图 2-55 轻骨架隔墙构造
a）木骨架隔墙 b）金属骨架隔墙

（3）条板隔墙

条板隔墙是指用厚度比较厚、高度相当于房间净高的条形板材，不依赖骨架，直接拼装而成的隔墙。常用的材料有加气混凝土条板、水泥玻纤空心条板（GRC板）、空心加强石膏板条板、内置发泡材料或复合蜂窝板的彩钢板等。条板厚度一般为 60～100mm，宽度为600～1000mm，长度略小于房间净高。安装时，条板下部先用木楔顶紧，然后用细石混凝土堵严，板缝用粘结剂进行粘结，并用胶泥刮缝，平整后再做表面装修，如图2-56 所示。

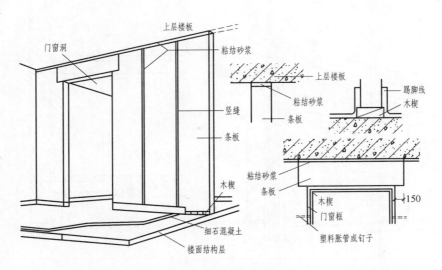

图 2-56 条板隔墙构造

3. 隔断的构造

隔断的种类很多，按固定方式分为固定式隔断和移动式隔断；从限定程度上分为两类：全分隔式隔断（如折叠推拉式、镶板式、拼装式和手风琴式等）和半分割式隔断（如空透式隔断、家具式隔断和屏风式隔断等），常见的隔断实例如图 2-57 所示。

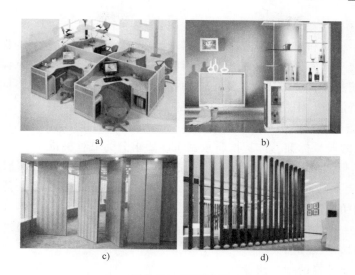

图 2-57　隔断实例

a）屏风式隔断　b）家具隔断　c）折叠推拉式隔断　d）空透式隔断

2.3.5　墙面装修构造

1. 墙面装修的作用与分类

墙面装修是建筑装修中的重要部分。对墙面进行装修，可以保护墙体，提高墙体的耐久性；改善墙体的热工性能、光环境、声环境、卫生条件等使用功能；还可以提高建筑的艺术效果，美化环境。

墙面装修按其所处部位不同，分为室外墙面装修和室内墙面装修两类；室外墙面装修因受到风、雨、雪等的侵蚀，因而应选择强度高、耐水性好以及有抗腐蚀风化性能的材料。室内墙面装修则因空间的使用功能及装修标准决定。按材料的施工方式不同，分为抹灰类、贴面类、涂料类、裱糊类、铺钉类等，其中裱糊类只能用于室内墙面装修，其他的室内室外均可以使用。

2. 抹灰类墙面装修

抹灰类墙面装修是采用各种加色或不加色的水泥砂浆、石灰砂浆、混合砂浆、石膏砂浆、水泥石渣砂浆等做成的饰面抹灰层。这种做法的优点是取材容易、施工方便、造价低等。缺点是劳动强度高、湿作业量大、耐久性差。属中低档装饰，可用于室内外墙面。

（1）抹灰类墙面装修的构造层次及分类

为避免出现裂缝脱落，保证抹灰层牢固和表面平整，施工时要分层操作，且每层不宜太厚，总厚度一般为 15～25mm（图 2-58）。抹灰的构造层次分为三层：底层抹灰（底灰）、中层抹灰（中灰）和面层抹灰（面灰）。底层抹灰的作用是与基层墙体粘结和初步找平，厚度一般为 5～15mm；中层抹灰主要起进一步找平的作用，以减少打底砂浆层干缩后可能出现的裂纹，厚度一般为 5～10mm；面层抹灰主要起装饰作

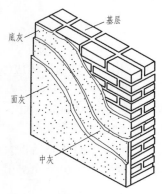

图 2-58　抹灰类墙面装修分层

用，要求表面平整、色彩均匀、无裂纹，厚度一般为3～5mm。

根据面层所用材料和施工方式的不同，抹灰类可分为一般抹灰和装饰抹灰两类。一般抹灰是用各种砂浆抹平墙面，效果较一般。常用有石灰砂浆、混合砂浆、水泥砂浆、聚合物砂浆、麻刀灰、纸筋灰等；装饰抹灰是用不同的操作手法使各种砂浆形成不同的质感效果，常用的有水刷石、斩假石、干粘石、水泥拉毛等。

（2）抹灰类墙面装修的构造

1）一般抹灰的质量标准。抹灰按质量及工序要求分为三种标准。

① 普通抹灰：一层底灰、一层面灰。适用于简易住宅、临时房屋及辅助性用房。

② 中级抹灰：一层底灰、一层中灰、一层面灰。适用于一般住宅、公共建筑、工业建筑及高级建筑物中的附属建筑。

③ 高级抹灰：一层底灰、多层中灰、一层面灰。适用于大型公共建筑、纪念性建筑及有特殊功能要求的高级建筑。

2）抹灰类墙面装修的细部构造

① 分格条（引条线、分块缝）。室外抹灰由于墙面面积较大、手工操作不均匀、材料调配不准确、气候条件等影响，易产生材料干缩开裂、色彩不匀、表面不平整等缺陷。为此，对大面积的抹灰，用分格条（引条线）进行分块施工，分块大小按立面线条处理而定。具体做法是底层抹灰后，固定引条，再抹中间层和面层。常用的引条材料有木引条、塑料引条、铝合金引条等。常用的引条形式有凸线、凹线、嵌线等（图2-59）。

② 护角。室内抹灰多采用吸声、保温蓄热系数较小，较柔软的纸筋石灰等材料作面层。这种材料强度较差，室内突出的阳角部位容易碰坏，因此，在内墙阳角、门洞转角、砖柱四角等处用水泥砂浆或预埋角钢做护角。护角的做法是用高强度的水泥砂浆（1:2水泥砂浆）抹弧角或预埋角钢，高度不小于2m，每侧宽度不小于50mm（图2-60）。

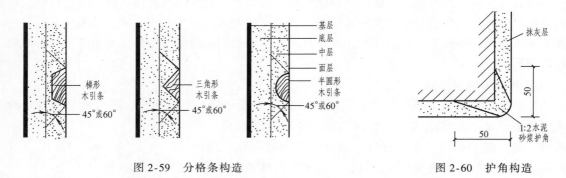

图2-59　分格条构造　　　　　　　　　　　　　图2-60　护角构造

③ 墙裙。室内墙体应考虑人身体活动摩擦而产生的污浊或划痕，并兼有一定的装饰性，往往在内墙下部一定高度范围内选用耐磨性、耐腐蚀性、可擦洗等方面优于原墙面的材质做面层。常用的材料如木材、各类饰面板、面砖等。

3. 贴面类墙面装修

贴面类墙面装修是将大小不同的块状材料采取粘贴或挂贴的方式固定到墙面上的装修做法。这种装修做法坚固耐用、色泽稳定、易清洗、耐腐蚀、防水、装饰效果丰富，内外墙面均可。

（1）直接粘贴式的基本构造

直接粘贴式的基本构造组成由找平层、结合层和面层三部分组成。找平层为底层砂浆，结合层为粘结砂浆，面层为块状材料。用于直接粘贴式的材料有陶瓷制品（陶瓷锦砖、釉面砖等）、小块天然或人造大理石、碎拼大理石、玻璃锦砖等。

1）面砖饰面一般用于装饰等级要求较高的工程。面砖按特征有上釉的和不上釉的；釉面又有光釉和无光釉两种，表面有平滑和带纹理的。构造做法是先用 15 厚水泥砂浆分两遍打底，再用 5mm 厚 1:1 水泥细砂砂浆粘贴，然后铺贴面砖，最后用水泥细砂浆填缝，如图 2-61a 所示。

2）陶瓷锦砖饰面又称马赛克。其特点是质地坚硬、经久耐用、色泽多样、耐酸、耐碱、耐火、耐磨、不渗水、抗压力强、吸水率小，多用于内外墙面。断面有凹面和凸面，凸面多用于墙面，凹面多用于地面。构造做法是先用 15 厚水泥砂浆打底，然后用 3～4 厚 1:1 水泥细砂砂浆做结合层，贴马赛克，待干后洗去纸皮，最后用水泥色浆擦缝，如图 2-62b 所示。

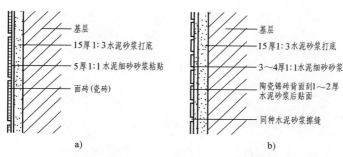

图 2-61　面砖、陶瓷锦砖墙面装修构造
a）面砖（瓷砖）装修构造　b）陶瓷锦砖墙装修构造

（2）贴挂式的基本构造

当板材厚度较大，尺寸规格较大，粘贴高度较高时，应以贴挂相结合。常用的有天然石材（如大理石、花岗石、青石板等）和大型预制板材（如水磨石、水刷石、人造大理石等）。具体做法有湿法贴挂（贴挂整体法）和干挂法（钩挂件固定法）两种。构造层次分为基层、浇筑层（找平层和粘结层）和饰面层。这种做法相对较为保险，饰面板材绑挂在基层上，再灌浆固定。

1）湿法贴挂的构造做法。在砌墙时先预埋铁钩或用金属胀管螺栓固定预埋件，然后在铁钩上每间隔 500～1000mm 立竖筋，再在竖筋上按面板位置绑横筋，构成 φ6 的钢筋网。板材边缘钻小孔，用铜丝或镀锌钢丝穿过孔洞将材板绑在横筋上，上下板之间用铜钩钩住。石板与墙身之间预留 30mm 缝隙，分层灌水泥砂浆，最后用同色水泥砂浆擦缝（图 2-62）。

2）干挂法的构造做法。在基层上按板材高度固定不锈钢锚固件，在板材上下沿开槽口，将不锈钢销子插入板材上下槽口与锚固件连接，在板材表面的缝隙中填嵌密封材料（图 2-63）。

4. 涂料类墙面装修

涂料类墙面装修是指在墙面基层上，经批刮腻子处理，使墙面平整，然后在其上涂刷选定的涂料所形成的墙面装修做法。与其他装修做法相比，涂料类墙面装修构造最为简单，且具有工效高、工期短、材料用料少、自重轻、造价低等优点，耐久性略差。

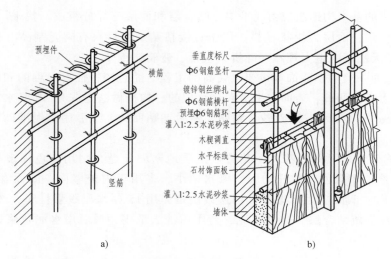

图 2-62 石材贴挂构造

a) 钢筋网固定 b) 石材墙面钢筋网固定挂贴法构造

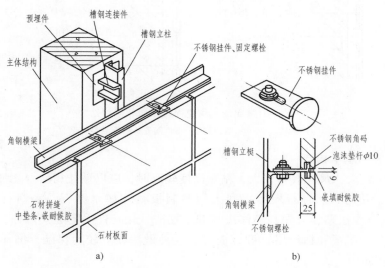

图 2-63 石材干挂法构造

a) 石材干挂立体图 b) 横梁与石板节点图

常用的材料分为无机涂料和有机涂料两类。常用的无机涂料有石灰浆、大白浆、可赛银浆等，用于一般标准的装修。有机涂料根据成膜物质与稀释剂不同，分为溶剂型涂料、水溶性涂料和乳液涂料三类。常用的溶剂型涂料有传统的油漆、苯乙烯内墙涂料等；常见的水溶性涂料有改性水玻璃内墙涂料、聚合物水泥砂浆饰面涂层等；乳液涂料又称乳胶漆，常见的有乙丙乳胶漆、苯丙乳胶漆等。

5. 裱糊类墙面装修

裱糊类墙面装修是用裱糊的方法将墙纸、织物、微薄木等装饰在内墙面。具有装饰性好，色彩、纹理、图案较丰富，质感温暖，古雅精致，施工方便的特点。常见的饰面卷材有塑料墙纸、墙布、纤维壁纸、木屑壁纸、金属箔壁纸、皮革、人造革、锦缎、微薄木等。

在裱糊过程中，对基层有一定要求，要求基层表面平整、光洁、干净、不掉粉。为达到基层平整效果，通常要对基层刮腻子，可局部刮腻子或满刮腻子几遍，再用砂纸磨平。粘贴时应保持卷材表面平整，防止产生气泡，压实拼缝处。

6. 铺钉类墙面装修

铺钉类墙面装修是采用木板、木条、竹条、胶合板、纤维板、石膏板、石棉水泥板、玻璃、金属板等材料制成各种饰面板，通过镶、钉、拼贴等做成的墙面。其构造与骨架隔墙相似，由骨架和面板两部分组成。特点是湿作业量小、耐久性好、装饰效果丰富。

子 单 元 小 结

子　　项	知 识 要 点	能 力 要 点
墙体的作用和设计要求	作用有承重、围护和分隔三种，一般只能具备其中的一种或两种。设计要求：具有足够的强度和稳定性；具有必要的保温、隔热等热工方面的性能；满足防火、隔声、防潮防水及经济要求	
墙体的分类和承重方式	按位置分为内墙和外墙；按受力情况分为承重墙和非承重墙；按材料分为砖墙、石墙、土墙、砌块墙、混凝土墙和轻质材料墙体；按构造分为实体墙、空体墙和组合墙；按施工方法分为块材墙、板筑墙和板材墙。墙体的承重方案有横墙承重、纵墙承重和纵横墙混合承重三种	明确建筑中墙体的类型，能分析墙体的承重情况
砖的规格和组砌方式	标准砖的规格为240mm×115mm×53mm；砌筑时应保证砖缝横平竖直、上下错缝、内外搭接，避免形成竖向通缝，砂浆应饱满、厚薄均匀	会用多种砌筑方式进行砖墙的砌筑
砖墙的细部构造	散水、勒脚、墙身防潮层、门窗过梁、圈梁、构造柱和外墙保温等的构造做法及要求	能够在工程中灵活处理砖墙的各种构造
隔墙和隔断的构造	常用的隔墙有三种：块材隔墙、轻骨架隔墙和条板隔墙；三种隔墙相应的做法和要求；常见的隔断种类	
墙面装修构造	常用的有抹灰类、贴面类、涂料类、裱糊类和铺钉类几种。重点是抹灰类和贴面类的构造做法及要求	了解抹灰类和贴面类的构造原理

思 考 与 拓 展 题

1. 工程中的墙体类型有哪些？分别有何作用和要求？

2. 墙体承重方式有哪些？分别举出工程实例。

3. 建筑外墙的构造有哪些？分别有何作用？门窗过梁与圈梁的区别是什么？

4. 校园里的建筑总共用了几种墙面装修？具体有何构造要求？

5. 砖墙组砌时的要求是什么？240砖墙的组砌方式有几种？370砖墙的组砌方式有几种？

6. 地震设防地区的墙体有何特殊要求？应该增设哪些加固措施？分别有何作用和要求？

子单元4 门 窗

知识目标：掌握门窗的作用、开启方式、构造要求；了解各类门窗的特点。

能力目标：1. 能认识常用门窗的类型，能理解门窗的作用，能看懂门窗的安装方法。

2. 会正确选择门窗的尺度，会查阅门窗图集。

学习重点：门窗的作用、开启方式、安装方法。

2.4.1 门窗概述

1. 门窗设计要求

1）造型要求：美观大方。

2）构造要求：坚固、耐用、开启灵活、关闭紧密、功能合理、便于维修和清洁。

3）规格要求：尽量统一，符合《建筑模数协调统一标准》要求。

2. 门窗材料

常用门窗材料有木、钢、铝合金、塑料、玻璃等。

2.4.2 窗的分类及组成

1. 窗的开启方式

根据窗的开启方式不同，窗的分类如图2-64所示。

（1）平开窗

平开窗窗扇通过铰链与窗框连接，玻璃安装在窗扇上，有单扇、双扇、多扇以及内开与外开之分。

（2）固定窗

固定窗将玻璃安装在窗框

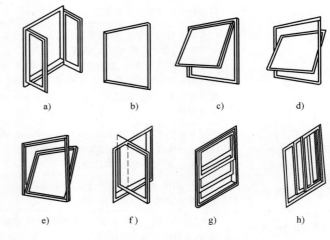

图 2-64 窗的开启方式分类

a）平开窗 b）固定窗 c）上悬窗 d）中悬窗 e）下悬窗
f）立转窗 g）垂直推拉窗 h）水平推拉窗

上，不设窗扇，不能开启，仅供采光、日照与眺望之用，不能通风。

（3）悬窗

悬窗按旋转轴的位置不同，可分为上悬窗、中悬窗和下悬窗三种。

（4）立转窗

在窗扇上下两边设垂直转轴，转轴可设在中部或偏在一侧，开启时窗扇绕轴垂直旋转。

（5）推拉窗

推拉窗根据推拉方向不同分为水平推拉窗和垂直推拉窗两种。水平推拉窗需要在窗扇上下设轨槽，垂直推拉窗要有滑轮及平衡措施。

2. 窗的尺度及组成

（1）窗的尺度

— 110 —

主要取决于房间的通风采光、构造做法以及建筑造型等要求，并符合《建筑模数协调统一标准》的规定。我国大部分地区标准窗的尺寸均采用 3M 的扩大模数，常用的高、宽尺寸有：600mm，900mm，1200mm，1500mm，1800mm，2100mm，2400mm 等。

（2）窗的组成

窗主要由窗框、窗扇、五金零件和附件四部分组成。窗框与墙的连接处，为满足不同需求，有时加设筒子板贴脸、窗台板、窗帘盒等。

2.4.3　门的分类及组成

1. 门的开启方式

按开启方式不同，门的分类如图 2-65 所示。

（1）平开门

平开门是水平方向开启的门，门扇绕侧边安装的铰链转动，分单扇、双扇，内开和外开等多种形式。

（2）弹簧门

弹簧门是门扇与门框用铰链连接，门扇水平开启的门。

（3）推拉门

推拉门门扇沿着轨道左右滑行开启，有单双扇之分。

（4）折叠门

折叠门门扇一般由宽度 600mm 的一组窄门扇组成，门扇之间用铰链连接。

（5）转门

转门由三扇或四扇门扇通过中间的竖轴组合起来，在两侧的弧形门套内水平旋转来实现启闭。

图 2-65　门的开启方式分类

a）平开门　b）弹簧门　c）推拉门　d）折叠门　e）转门

对于门的洞口较大，有特殊要求的房间，门的形式还有上翻门、升降门、卷帘门等形式。

2. 门的尺度及组成

（1）门的尺度

门的尺度与通行、疏散人数以及立面造型有关，并应符合国家颁布的门窗洞口尺寸系列标准。一般房屋建筑中，门的宽度为：单扇门 950～1000mm；双扇门 1500～1800mm；门的高度一般为 2100～2400mm。有亮子的门亮子高度为 300～600mm。

（2）门的组成

门一般由门框、门扇、亮子和五金配件等组成，如图2-66所示。

2.4.4　门窗构造及安装

1. 门窗的构造

（1）铝合金门窗的构造

框料系列名称是以铝合金门窗框的厚度构造尺寸来区别各种铝合金门窗，如，平开门门框厚度构造尺寸为50mm宽，即称为50系列铝合金平开门，推拉窗窗框厚度构造尺寸90mm宽，即称为90系列铝合金推拉窗等。

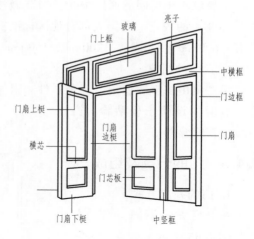

图2-66　门的组成

目前节能要求铝合金门窗框料采用断热铝合金型材。所谓断热铝合金型材是由三部分组成的复合材料，即外部铝合金框、内部铝合金框、中间连续内外的隔热材料，中间连接部分叫"断热冷桥"，它不仅结构强度和抗老化性能应满足门窗的要求，而且必须是一种好的隔热材料，形成在冬天时暖流不向外流失热量，夏天外部热量不流向内部的屏障。

采用断热冷桥后，能克服铝合金固有的高热导率，同时保持了铝合金的重要性能：易挤压成型、易加工、抗腐蚀、美观坚固、经久耐用、重量轻等特点，与中空玻璃和密封材料相结合，可设计出高的热效应的隔热、保温门窗。

（2）塑钢门窗的构造

塑钢门窗是新一代门窗材料，是以PVC为主要原料制成的空腹多腔异型材，腔内有冷扎钢板制成的内衬钢，用以提高塑钢门窗的强度。塑钢无需油漆且气密性水密性好，热导率低，保温节能，隔声隔热，不易老化，正在广泛使用。

门窗玻璃根据需要有普通平板玻璃、浮法玻璃、夹层玻璃、钢化玻璃、中空玻璃。

中空玻璃是一种隔热、隔声性能良好的新型建筑材料，美观适用，并可降低建筑物自重，它是在两片（或三片）玻璃之间，采用一定厚度空气层隔开，使用高强度高气密性复合粘结剂，将玻璃片与内含干燥剂的铝合金框架粘结，制成的高效能隔声隔热玻璃。中空玻璃多种性能优越于普通双层玻璃。

2. 门窗的安装

砌体结构中门窗框的安装根据施工方式分塞口和立口两种。塞口是在砌墙时先留出门窗洞，以后再安装门窗框；立口是施工时先将门窗框装好后砌墙，如图2-67所示。框架结构中一般采用湿法和干法安装，湿法是墙面装饰工程前安装，干法是墙面装饰工程完成后安装。

2.4.5　门窗保温与节能

门窗在建筑物墙面中占有一定的比例，为了提高建筑物的保温与节能性能，门窗的保温与节能也非常重要。

门窗保温节能的构造措施：

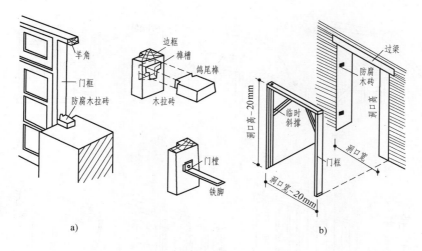

图 2-67　门窗安装

a）立口　b）塞口

1）增加窗扇层数和玻璃层数（图2-68）。

2）减少门窗缝隙的长度。

3）减少窗洞口面积。

4）采取密封和密闭措施。

建筑门窗除了具备保温性能外，还应具有一定的抗风压性能、气密性能、水密性能，必要时还应具备隔声性能。

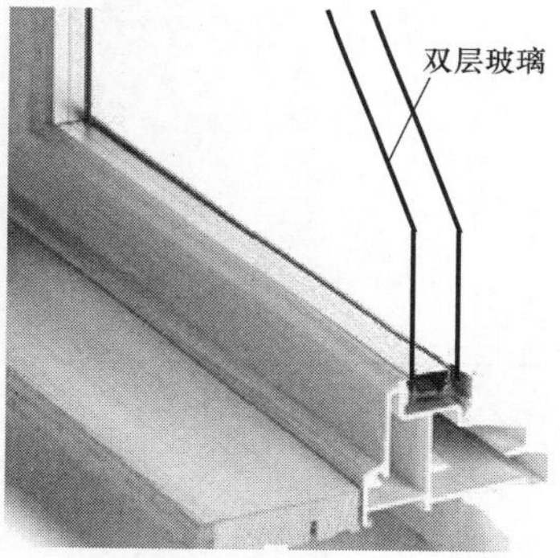

2.4.6　遮阳构造

遮阳是为了防止在炎热的夏季，阳光直射入室内，使室内温度过高和产生眩光，从而影响人们的正常工作和学习而设置的构造措施。遮阳设施有多种，主要有绿化遮阳、简易设施遮阳、建筑构造遮阳等。

图 2-68　门窗保温

1. 绿化遮阳

对于低层建筑来说，绿化遮阳是一种经济而美观的遮阳措施，可利用搭设棚架，种植攀缘植物或阔叶树来遮阳。

2. 简易设施遮阳

其特点是制作简易、经济、灵活、拆卸方便，但耐久性差。简易设施可用苇席、篷布、百叶窗、珠帘、塑料等材料制成，如图2-69所示。

3. 建筑构造遮阳

主要是设置各种形式的遮阳板，使遮阳板成为建筑物的组成部分。遮阳的形式一般有四种：水平式、垂直式、综合式和挡板式，如图2-70所示。

选择和设置遮阳设施时，应尽量减少对房间的采光和通风的影响。采用各种形式的遮阳板时，需与建筑的立面相协调。

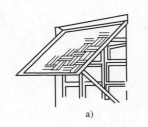 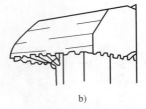 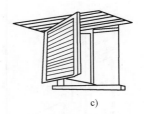

a)   b)   c)

图 2-69　简易设施遮阳

a）苇席遮阳　b）篷布遮阳　c）百叶窗遮阳

 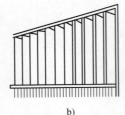 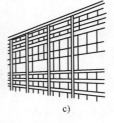 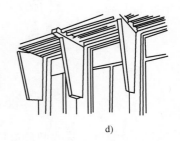

a)   b)   c)   d)

图 2-70　建筑构造遮阳

a）水平式　b）垂直式　c）综合式　d）挡板式

子 单 元 小 结

子　项	知 识 要 点	能 力 要 点
门窗设计要求	美观大方；坚固、耐用、开启灵活、关闭紧密、功能合理、便于维修和清洁。规格尽量统一,符合《建筑模数协调统一标准》要求	能熟练选取门窗尺度
门窗按开启方式分类	1. 门：平开门、弹簧门、推拉门、折叠门、转门 2. 窗：平开窗、固定窗、上悬窗、中悬窗、下悬窗、立转窗、垂直推拉窗、水平推拉窗	能区分门窗类别，根据不同的要求能够熟练选择合适的门窗
门窗的组成、安装	1. 门：门框、门扇、亮窗和五金配件 2. 窗：窗框、窗扇、五金零件和附件 3. 砌体结构门窗的安装方法：立口、塞口 4. 框架结构门窗的安装方法：湿法、干法	能看懂门窗的组成，明确各部分的作用；掌握门窗安装方法
门窗保温节能构造措施	1. 增加窗扇层数和玻璃层数 2. 减少门窗缝隙的长度 3. 减少窗洞口面积 4. 采取密封和密闭措施	能进行门窗保温节能构造设计
遮阳构造	绿化遮阳、简易设施遮阳、建筑构造遮阳（水平式、垂直式、综合式、挡板式）	能基本掌握各种遮阳的适用范围与特点

思考与拓展题

1. 举例说明本校有哪些类型的门窗？在构造方面如何考虑节能？
2. 本地区常用的门窗有哪些？它们的保温隔热是怎么做的？
3. 举例说明遮阳的构造做法。
4. 各种门窗的适用范围是什么？优缺点是什么？
5. 门窗的组成有哪些？门窗安装方法是什么？
6. 门窗节能的构造做法是什么？

子单元5 楼 地 面

知识目标： 掌握楼地面的设计要求；重点掌握楼地面的细部构造；掌握阳台的设计及构造。
能力目标： 1. 能根据不同类型建筑的特点选择合适楼地面，并能初步解决好细部构造问题。
           2. 会设计阳台的排水构造。
学习重点： 楼地面的设计要求、功能、楼地面的细部构造，阳台设计。

2.5.1 楼地面概述

1. 基本构成

楼面层一般由面层、结构层、附加层和顶棚层等基本层次组成，如图 2-71a 所示。

地坪层一般由面层、垫层、基层等组成，如图 2-71b 所示。

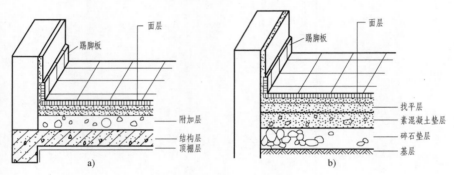

图 2-71 楼地层的组成

a）楼面层 b）地坪层

（1）面层

面层又称楼面或地面，主要起满足使用功能要求和装饰作用，同时对结构层起着保护作用，使结构层免受损坏。根据各房间的功能要求不同，面层有多种不同的做法。

（2）结构层

结构层位于面层和顶棚层之间，是楼面层的承重部分。结构层承受整个楼盖的全部荷载，并对楼面层的隔声、防热、保温、防火等起主要作用。地坪层的结构层为垫层，垫层把所承受的荷载及自重均匀地传给地基。

（3）附加层

附加层通常设置在面层和结构层之间，有时也布置在结构层和顶棚层之间，主要有管线敷设层、隔声层、防水层、保温或隔热层等。管线敷设层是用来敷设水平设备的暗管（线）的构造层；隔声层是为隔绝撞击声而设的构造层；防水层是用来防止水渗透的构造层；保温或隔热层是改善热工性能的构造层。

（4）顶棚层

顶棚层是楼盖下表面的构造层，也是室内空间上部的装修层，又称天花板、天棚。顶棚的主要功能是保护楼板、安装灯具、装饰室内空间以及满足室内的特殊使用要求。

2. 楼地面的类型

根据楼板结构层所使用的材料不同，楼地面可分为以下几种类型，如图 2-72 所示。

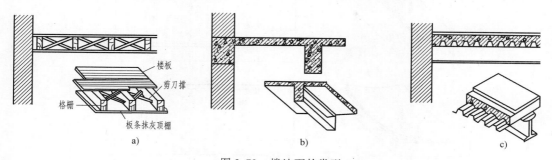

图 2-72 楼地面的类型

a）木楼板 b）钢筋混凝土楼板 c）压型钢板组合楼板

（1）木楼板

木楼板是我国传统的做法，采用木梁承重，上做木地板，下做板条抹灰顶棚。具有自重轻、构造简单等优点，但耐火性、耐久性、隔声能力较差，为节约木材，目前已经很少采用。

（2）钢筋混凝土楼板

钢筋混凝土楼板强度较高，刚度好，有较强的耐久性和防火性能，具有良好的可塑性，便于工业化生产和机械化加工，是目前我国房屋建筑中广泛采用的一种楼板形式。

（3）压型钢板组合楼板

压型钢板组合楼板是在钢筋混凝土楼板基础上发展起来的，这种组合体系是利用凹凸相间的压型薄钢板作衬板，与混凝土浇筑在一起而形成的钢衬板组合楼板，既提高了楼板的强度和刚度，又加快了施工进度。近年来主要用于大空间、高层民用建筑和大跨度工业厂房中。

3. 楼地面设计要求

（1）安全性要求

楼地面应具有足够的强度和刚度，以保证建筑物和使用者的安全。

（2）功能性要求

楼地面应满足防火、防水、隔声、保温、隔热等基本使用功能的要求。

（3）经济性要求

楼地面的厚度应在结构构件的经济合理范围之内，以免厚度过大造成不必要的浪费。

2.5.2 现浇钢筋混凝土楼板

现浇钢筋混凝土楼板按受力特点和支承情况分单向板和双向板。当板的长边尺寸 l_2 与短边尺寸 l_1 之比大于或等于 3 时，作用在板上的荷载主要沿 l_1 方向传递，板的两个短边的作用很小，称为单向板，如图 2-73a 所示。当板的长边尺寸 l_2 与短边尺寸 l_1 之比不大于 2 时，作用在板上的荷载沿两个方向传递，称为双向板，如图 2-73b 所示。当板的长边尺寸 l_2 与短边尺寸 l_2 之比为大于 2 且小于 3 时宜按双向板考虑。

现浇钢筋混凝土楼跨分为以下几种形式：

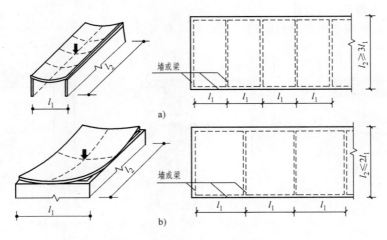

图 2-73 现浇钢筋混凝土楼板

a) 单向板 b) 双向板

1. 主次梁式楼板（图 2-74）

一般主梁沿房间短跨方向布置，次梁垂直于主梁布置。主梁的经济跨度为 6 ~ 8m，主梁高为主梁跨度的 1/18 ~ 1/8；主梁宽为梁高的 1/3 ~ 1/2，常用宽度为 250mm；次梁的经济跨度为 4 ~ 6m，次梁高为次梁跨度的 1/20 ~ 1/12，宽度为梁高的 1/3 ~ 1/2，常用宽度为 250mm，次梁跨度即为主梁间距；板的经济跨度为 2.1 ~ 3.6m，板厚一般为板跨的 1/50 ~ 1/30，常用的为 100 ~ 120mm。

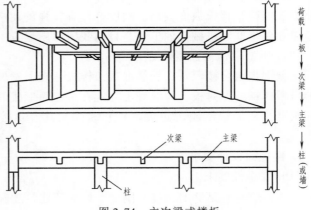

图 2-74 主次梁式楼板

2. 井格式楼板（图 2-75）

井格式楼板多用于房间平面尺寸较大且平面形状为方形或近似方形的房间或大厅。采用相同的梁高，将两个方向的梁等间距布置，形成井字形梁，称为井格式楼板，无主次梁之分。荷载传递路线为板→梁→柱（或墙）。梁截面高度为不小于梁跨的 1/20 ~ 1/15，宽度为梁高的 1/4 ~ 1/2，且不少于 120mm，井格式楼板的梁可与墙体正交放置或斜交放置，由于布置规律，而且楼板底部的井格整齐划一，很有韵律，具有较好的装饰性。

除了现浇钢筋混凝土楼板之外，还有预制装配式钢筋混凝土楼板以及装配整体式钢筋混凝土楼板，但是这两种结构形式由于目前应用较少，这里就不再具体介绍。

2.5.3 楼地面防潮、防水与保温、隔声构造

1. 地面的防潮

地面是直接与土壤接触的部分，土壤中的潮气易浸湿地面，为了有效防止室内受潮，避

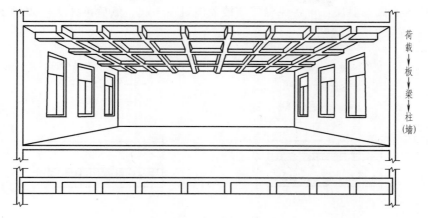

图 2-75 井格式楼板

免地面结构层受潮而破坏，所以必须对地面进行防潮处理，一般在垫层中采用一层 60mm 厚的 C15 素混凝土，也可再附加一层防水层，如图 2-76 所示。

2. 楼地面的防水

对于建筑物中的厕所、厨房、卫生间等，由于较易积水，处理不当容易发生渗水，对防水要求较高，一般在垫层或结构层与面层之间设防水层。为防止房间四周墙体受潮，将防水层沿四周墙体增高 150mm，且在墙体四周设素混凝土翻边，门口处增加 300mm 宽，如图 2-77 所示。对于普通防水的楼地面，采用 C15 细石混凝土，从四周向地漏处找坡 0.5% ~ 1%（最薄处不小于 30mm）即可。

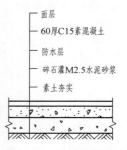

图 2-76 地层防潮构造

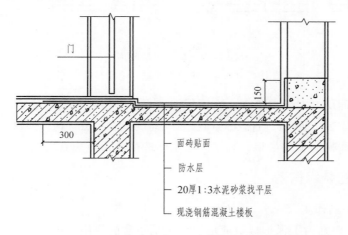

图 2-77 楼面层防水构造

3. 楼地面的保温

楼地层应满足一定的保温要求，有利于建筑节能。楼地面的保温做法一般有以下两种：

1）在楼盖上做保温层：保温材料常用高密度聚苯板、轻骨料混凝土、膨胀珍珠岩制品等，如图 2-78a 所示。

2）在楼盖下做保温层：可将保温层与楼盖浇筑在一起，然后再抹灰，如图 2-78b 所示。

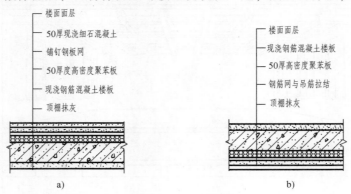

图 2-78　楼面层的保温

4. 楼面层的隔声

为避免上下楼层之间互相干扰，楼面层必须满足一定的隔声要求。对隔声的处理措施通常有以下几种，如图 2-79 所示。

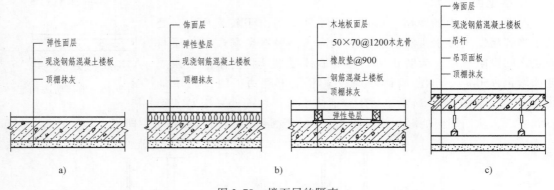

图 2-79　楼面层的隔声

a）弹性面层　b）弹性垫层　c）设吊顶

1）采用弹性面层：对面层处理，在面层上铺设弹性材料，如地毯等。

2）采用弹性垫层：在楼板结构层与面层之间铺设弹性垫层材料，如软木板、矿棉毡等。

3）设吊顶：在楼面下做吊顶，利用隔绝空气的措施阻止声音传播。

2.5.4　楼地面的装修构造

1. 楼地面装修的作用

楼地面装修主要是为了保护楼板或地层，满足正常的使用要求，满足装饰性的要求。

2. 常见楼地面装修构造

1）整体类：主要是水泥砂浆、细石混凝土、水磨石楼地面，这类楼地面构造简单，造价经济。如图 2-80 所示为水磨石楼地面构造。

水磨石楼地面为分层构造，底层为 1:3 水泥砂浆 15～18mm 厚找平，面层为（1:1.5）～（1:2）水泥石渣 10～12mm 厚，石渣粒径为 8～10mm，采用玻璃条、铜条作为分格条，用

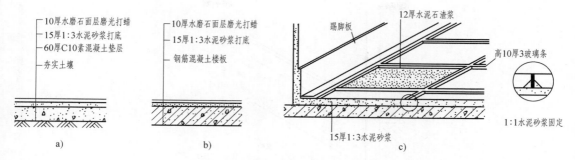

图 2-80 水磨石楼地面构造

a）水磨石地面 b）水磨石楼面 c）水磨石分格条

1：1 水泥砂浆固定。

　　2）块材类：主要是地砖和石材楼地面，因为地砖与石材的种类较多，装修的效果也较好，目前比较常用，如图 2-81 所示。

　　3）木地板：有实铺和空铺两种，实铺木地板按构造又分为搁栅式和粘贴式，如图 2-82 所示。

　　4）卷材地面：常用卷材包括橡胶地毡、聚氯乙烯塑料地毡及地毯，如图 2-83 所示。

图 2-81 花岗石地面

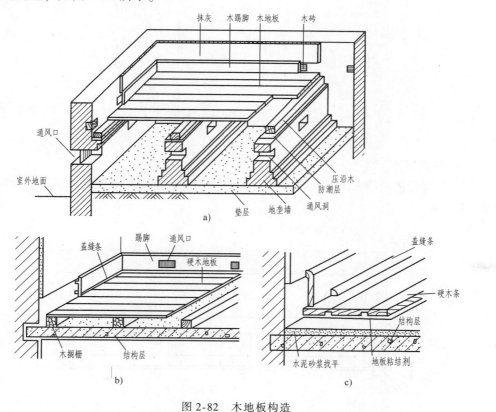

图 2-82 木地板构造

a）空铺木地面 b）搁栅式木地面 c）粘贴式木地面

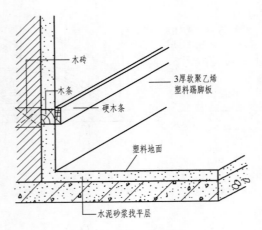

图 2-83　塑料地毡地面

3. 顶棚构造

（1）直接式顶棚

直接式顶棚是在楼板底面直接喷浆、抹灰或粘贴装饰材料的一种构造方法，如图 2-84 所示。

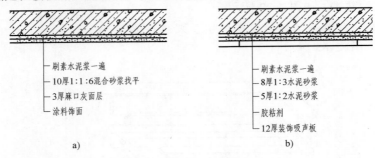

图 2-84　直接式顶棚

a）抹灰顶棚　b）贴面顶棚

（2）悬吊式顶棚

悬吊式顶棚是指悬挂在屋顶或楼板下，由吊杆、骨架和面板所组成的顶棚，简称吊顶，如图 2-85 所示。

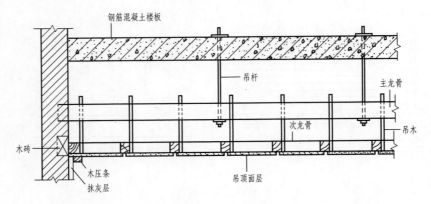

图 2-85　悬吊式顶棚

2.5.5　阳台与雨篷

1. 阳台

阳台是人们在多、高层建筑中接触室外的平台，人们可在其上休息、晾晒衣物、眺望风景等。

（1）阳台的类型

按照阳台与建筑物外墙面的位置关系不同可分为：凸阳台、凹阳台、半凸半凹阳台，如图 2-86 所示。

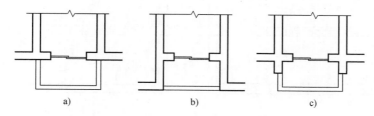

图 2-86　阳台的类型
a）凸阳台　b）凹阳台　c）半凸半凹阳台

（2）阳台的设计要求

阳台是室内与室外之间的过渡空间，在城市居住生活中发挥了越来越重要的作用。设计时应考虑以下要求：

1）安全性要求。主要是保证阳台底板及阳台栏板（栏杆）的安全可靠。阳台是儿童活动较多的地方，栏杆（包括栏板中局部栏杆）的垂直杆件间距若设计不当，容易造成事故。根据人体工程学原理，栏杆垂直净距应小于 0.11m，才能防止儿童钻出。同时为防止因栏杆（栏板）上放置花盆而坠落伤人，搁置花盆的栏杆（栏板）必须采取防止坠落措施。阳台栏杆（栏板）应随建筑高度而增高，考虑人体重心和心理因素，低层、多层住宅的阳台栏杆（栏板）净高不应低于 1.05m，中高层、高层住宅的阳台栏杆不应低于 1.10m。

2）功能要求。主要是为了保证阳台的使用方便及环境良好。一方面要考虑阳台的尺度，阳台宽度多与房屋开间一致，深度一般为 1.2～1.8m，有些建筑物中为了方便主人休闲娱乐使阳台的空间更大，深度设计到 2.4m；另一方面还要考虑阳台的防水，阳台是积水较多的地方，晾衣、浇花均有很多滴水，阳台地面若不做防水处理，阳台裂缝时容易漏水，对下层住户造成影响，所以规定阳台应做防水处理。

（3）阳台的构造

1）阳台的栏杆（栏板）和扶手。阳台的栏杆（栏板）主要是保障阳台上人的安全及装饰作用，从外在形式看主要有栏杆和栏板两种形式，如图 2-87 所示。

2）阳台的排水。为使用方便，阳台必须排水顺畅，一般阳台地面要低于室内地面 20～50mm 左右，并设 0.5%～1% 的找坡，坡向排水口。常用的排水方式有水舌排水和雨水管排水，如图 2-88 所示。

3）阳台的保温。近年来，考虑建筑节能的需要，北方寒冷地区的居住建筑常对阳台进行保温处理，主要方法是：采用保温的阳台栏板材料；封闭阳台，玻璃与窗框之间加密封条；为了避免热桥作用，阳台底板上下用聚苯板材料做保温层（图 2-89）。

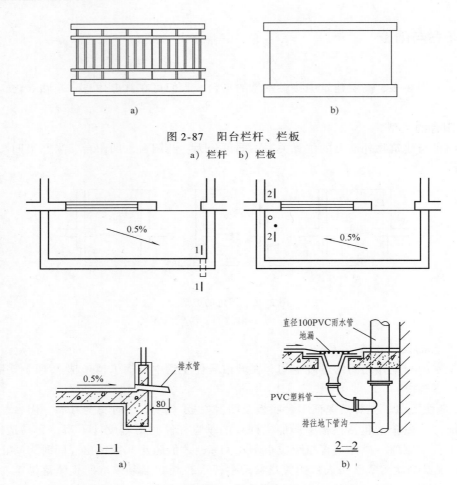

图 2-87 阳台栏杆、栏板

a) 栏杆　b) 栏板

图 2-88 阳台排水

a) 水舌排水　b) 雨水管排水

2. 雨篷

雨篷位于建筑物出入口的上方，用于遮挡雨水，是保护外门不受雨水侵蚀的水平构件。小型雨篷多为钢筋混凝土和钢结构悬挑构件；大型雨篷一般是指有立柱支撑的雨篷。由于雨篷所受荷载较小，因此厚度较薄，可做成变截面形式。雨篷的形式有很多，如图 2-90 所示。

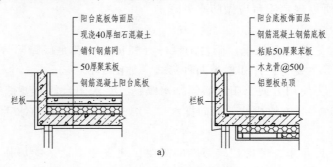

图 2-89 阳台保温

a) 阳台底板保温

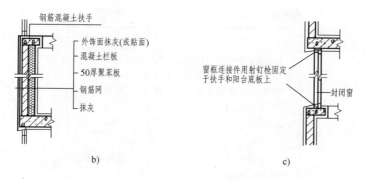

图 2-89 阳台保温（续）

b）阳台栏板保温 c）阳台封闭窗构造

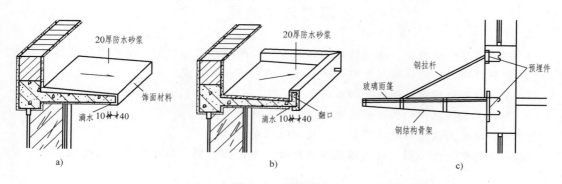

图 2-90 雨篷形式

a）自由落水雨篷 b）有组织翻口雨篷 c）玻璃钢架雨篷

　　雨篷一般由雨篷板和雨篷梁组成。为防止雨篷发生倾覆，常将雨篷与过梁或圈梁整浇在一起，雨篷的悬挑长度由建筑要求决定，当悬挑长度较小时，可采用悬板式，一般挑出长度≤1.5m。当挑出长度较大时，可采用挑梁式。

子单元小结

子　项	知 识 要 点	能 力 要 点
楼地面设计要求	安全性要求，功能性要求，经济性要求	会简单设计楼地面
楼地面的构造组成	1. 楼面层：面层、结构层、附加层和顶棚层等基本层次组成 2. 地坪层：面层、垫层、基层、附加层组成	能区分各构造层次所起的作用
楼板的类型	木楼板、钢筋混凝土楼板、压型钢板组合楼板的不同特点	能根据结构类型选择合适的楼板
钢筋混凝土楼板	板式楼板、梁板式楼板的区别	能区分这两种楼板
楼地面防潮、防水与保温、隔声	1. 楼地面防水：设置防水层、高差、排水坡等 2. 楼地面的保温构造 3. 楼板的隔声：采用弹性面层、采用弹性垫层、设吊顶	能熟练识读楼地面防潮、防水、保温与隔声构造图

（续）

子　　项	知　识　要　点	能　力　要　点
楼地面的装修	1. 楼地面装修作用：保护楼板或地层，满足正常的使用要求，满足装饰性的要求 2. 常见楼地面装修做法：整体类、块材类、木地面、卷材地面 3. 顶棚装修：直接式顶棚、悬吊式顶棚	能根据建筑物房间的功能、特点选择合适的楼地面装修做法
阳台与雨篷	1. 雨篷用于遮挡雨水，防止外门受侵害 2. 阳台是多层和高层建筑中人们接触室外的平台，阳台构造要点	会设计阳台排水构造，能区分各种类型的阳台及雨篷

思考与拓展题

1. 以你的宿舍楼为例，说明楼地面分别有哪些构造层次？它们分别采用什么材料装修？

2. 举例说明教室的楼板属于哪一类楼板？传力有什么特点？

3. 举例说明校园中的雨篷及阳台的类型。

4. 各种类型楼地面的构造组成是什么？特点有哪些？

5. 钢筋混凝土楼板的类型有哪些？适用范围是什么？

6. 以你的宿舍楼为例，说明该工程的阳台、雨篷的类型。阳台的排水构造做法是什么？

子单元6 屋 顶

知识目标：掌握屋顶的设计要求；重点掌握屋顶的排水设计；熟练掌握平屋顶刚性和柔性防水屋面的构造；掌握坡屋顶构造，了解其他防水做法。

能力目标：1. 能对一般的平屋面进行排水设计，能熟练识读屋面节点详图。
　　　　　　2. 会根据建筑造型选择合适的屋面。

学习重点：屋顶排水设计，刚性防水屋面和柔性防水屋面的构造，坡屋顶构造。

2.6.1 屋顶概述

1. 屋顶的类型

按照屋顶的外形和坡度不同，分为如下三类。

（1）平屋顶

屋面坡度小于 10% 的屋顶，常用坡度为 2% ~5% 。由于屋面外观简洁、平整，屋顶上可以开发利用，如作为活动场所、露台、屋顶花园、游泳池等。平屋顶常见的形式如图2-91 a、b、c、d 所示。

（2）坡屋顶

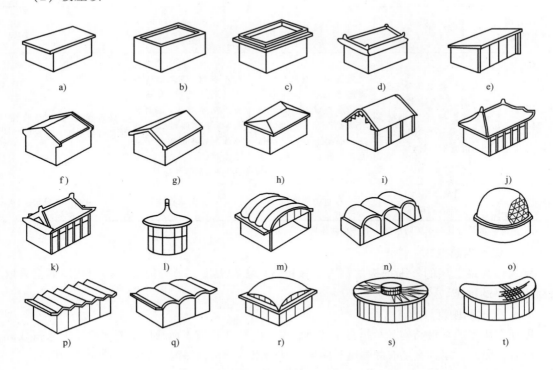

图 2-91 屋顶的类型

a）挑檐屋顶 b）女儿墙屋顶 c）挑檐女儿墙屋顶 d）盒顶 e）单坡顶 f）硬山两坡顶 g）悬山两坡顶
　　h）四坡顶 i）卷棚顶 j）庑殿顶 k）歇山顶 l）圆攒尖顶 m）双曲拱屋顶 n）砖石拱屋顶
　o）球形网壳屋顶 p）V形网壳屋顶 q）筒壳屋顶 r）扁壳屋顶 s）车轮形悬索屋顶 t）鞍形悬索屋顶

— 127 —

屋面坡度不小于10%的屋顶。由于坡度大，防、排水性能好，在民用建筑中应用较为广泛。坡屋顶常见的形式如图2-91e～l所示。

（3）其他形式的屋顶

随着建筑业的不断发展，对大空间的不断需求，出现许多新型屋面结构形式，如薄壳结构屋顶、悬索屋顶、双曲拱结构屋顶、膜结构屋顶，网架结构屋顶等，如图2-91m～t所示。这类屋顶造型具有特色，屋顶外形比较丰富，多用于大跨度的公共建筑。

2. 屋顶的设计要求

屋顶是房屋最上部的水平围护构件，是建筑物的重要组成部分，应满足以下要求。

（1）防排水要求

这是屋顶构造设计最基本的功能要求，主要是指能迅速排除屋面上的积水，并防止屋面渗漏。屋面工程根据建筑物的性质、重要程度、使用功能要求，将建筑屋面防水等级分为Ⅰ、Ⅱ、Ⅲ、Ⅳ级，见表2-6。

表2-6 屋面防水等级和设防要求

项目	屋面防水等级			
	Ⅰ	Ⅱ	Ⅲ	Ⅳ
建筑物类型	特别重要或对防水有特殊要求的建筑	重要的建筑和高层建筑	一般的建筑	非永久性的建筑
防水层合理使用年限	25年	15年	10年	5年
防水层选用材料	宜选用合成高分子防水卷材、高聚物改性沥青防水卷材、金属板材、合成高分子防水涂料、细石混凝土等材料	宜选用高聚物改性沥青防水卷材、合成高分子防水卷材、金属板材、合成高分子防水涂料、细石混凝土、平瓦、油毡瓦等材料	宜选用三毡四油沥青防水卷材、高聚物改性沥青防水卷材、合成高分子防水卷材、金属板材、高聚物改性沥青防水涂料、合成高分子防水涂料、细石混凝土、平瓦、油毡瓦等材料	可选用二毡三油沥青防水卷材、高聚物改性沥青防水涂料等材料
设防要求	三道或三道以上防水设防	二道防水设防	一道防水设防	一道防水设防

注：一道防水是指具有单独防水能力的一个防水层。

（2）保温隔热要求

屋顶作为最上层的外围护构件，为了保持室内正常温度，节约能源，必须在屋面上采取保温或隔热的措施。

（3）强度和刚度要求

屋顶是房屋的承重结构，承担自重及风、雨、雪荷载，施工荷载以及屋面检修上人荷载等多种荷载，因此必须具有足够的强度和刚度，其防水、排水、保温、隔热的功能才能保障。

（4）建筑美观要求

屋顶的造型对建筑物整体也有较大的影响，所以设计时也必须考虑屋顶的美观。

3. 屋面坡度

（1）坡度形成的方法

1）材料找坡。屋顶坡度由垫坡材料形成，一般用于坡度较小的屋面，常用坡度为2%。垫坡材料一般选用质轻、价廉的材料，不宜太厚，避免增加屋面荷载，如图2-92a所示。

2）结构找坡。根据屋顶排水坡度把屋面结构层设置成倾斜而形成的坡度，适用于房屋进深较大的建筑；单面房屋进深大于9m，双面房屋进深大于18m，必须采用结构找坡。结构找坡坡度为3%~5%，常用坡度为3%。这种找坡不需要外加找坡层，构造简单，缺点是室内的顶棚是倾斜的，如图2-92b所示。

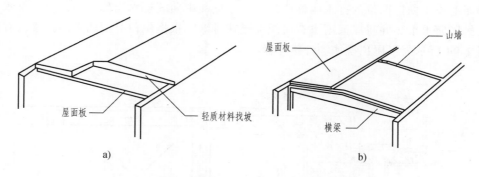

图2-92　屋顶坡度的形成

a）材料找坡　b）结构找坡

（2）影响坡度的因素

1）防水材料的影响。防水材料尺寸越小，屋面坡度越大；防水材料尺寸越大，屋面坡度越小。因为防水材料尺寸小则接缝必然多，漏水的可能性就大，所以屋面坡度尽可能大，反之亦然。

2）降水量大小的影响。降水量大的地区，为了尽快排除屋面雨雪水，防止渗漏就需要屋面的坡度大些；降水量小的地区，屋面坡度可以小些。

3）建筑造型的影响。结构选型的不同，可以决定建筑屋顶坡度大还是小，如悬索结构建筑的屋顶可以形成反坡等。

（3）坡度的表示方法

屋顶常用的坡度表示方法有百分率法、斜率法和角度法，如图2-93所示。平屋顶多采用百分率法，坡屋顶多采用斜率法，角度法应用较少。

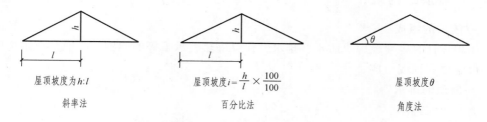

屋顶坡度为$h:l$　　　　　屋顶坡度$i=\dfrac{h}{l}\times\dfrac{100}{100}$　　　　　屋顶坡度θ

斜率法　　　　　　　　　　百分比法　　　　　　　　　　角度法

图2-93　屋顶坡度表示方法

4. 屋顶排水组织设计

屋顶排水组织设计一般按下列步骤进行。

（1）确定排水坡面的数目（分坡）

一般情况下，平屋顶临街建筑屋面宽度小于 12m 时，可采用单坡排水；大于 12m 时，应采用双坡排水。坡屋顶应结合建筑造型要求选择单坡、双坡或四坡排水。

（2）划分排水区的面积

排水区的面积是指屋面水平投影的面积，每一根水落管的屋面最大汇水面积不宜大于 200m²，划分排水区目的在于合理地布置水落管。

（3）确定屋面排水沟形式及尺寸

屋面上位于檐口部位的排水沟称檐沟，位于屋面中间的排水沟称天沟。设置排水沟的目的是汇集屋面雨水，并将屋面雨水有组织地迅速排除。根据屋顶类型的不同排水沟有多种做法。图 2-94 所示为平屋顶挑檐沟外排水做法。

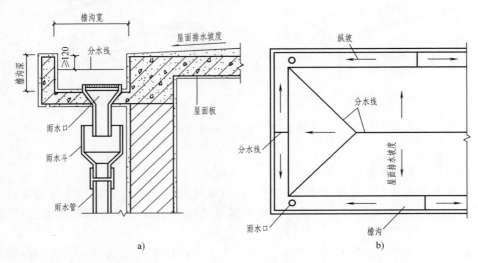

图 2-94 平屋顶挑檐沟外排水

a）挑檐沟断面 b）屋顶平面图

（4）确定水落管规格及间距

水落管的内径一般不宜小于 100mm，水落管间距一般在 18～24m 之间，水落管的位置应在实墙面处。

2.6.2 平屋顶的构造

1. 平屋顶的组成

平屋顶设计时主要要解决防水、排水，保温隔热，承重等的问题，一般是由结构层、防水层、保温层和顶棚组成。

2. 平屋顶的排水

（1）有组织排水

有组织排水是指屋面雨水通过屋面上设置的排水设施有组织地排至室外地面或地下排水管网的一种排水方式。这种方式构造复杂，造价高，优点是雨水不会浸湿墙面，不影响行人交通，根据排水管位置的不同分为内排水和外排水。

1）外排水。雨水经雨水口直接流入室外的排水管。又分为女儿墙内檐沟外排水，挑檐沟外排水。

　　① 女儿墙内檐沟外排水。在设有女儿墙的平屋面上，女儿墙的里面设内檐沟，排水管设在外墙外面，将雨水口穿过女儿墙进入落水管，如图 2-95a 所示。

　　② 挑檐沟外排水。平屋顶上的檐沟为外挑的时候，通过檐沟内的纵坡将雨水引至雨水口，进入落水管，如图 2-95b 所示。

　　2）内排水。雨水经过雨水口流入室内排水管，再排至室外排水管。常用在多跨、高层以及有特种要求的屋顶，如图 2-95c 所示。

　　（2）无组织排水

　　无组织排水又称自由落水，指雨水经檐口直接落至地面，屋面不设雨水口、天沟等排水设施的一种排水方式，如图 2-95d 所示。这种方式构造简单，造价低廉，但雨水会浸湿墙面，并影响行人通行，不宜用于临街和高度较大的建筑物中。

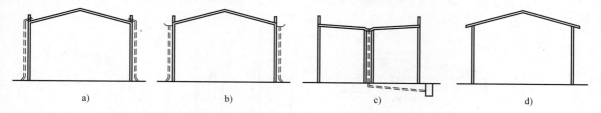

图 2-95　屋面排水方式
a）女儿墙内檐沟外排水　b）女儿墙挑檐沟外排水　c）内排水　d）无组织排水

3. 平屋顶的防水构造

（1）柔性防水平屋面的构造

　　柔性防水屋面是指用防水卷材及胶粘材料结合在一起，形成连续致密的构造层，从而达到防水的目的，由于卷材有一定的柔韧性，能够适应屋面部分的变形，因此称柔性防水屋面。

　　1）基本构造。柔性防水屋面一般由结构层、找平层、防水层、保护层等组成，如图 2-96 所示。

　　① 结构层。一般为现浇钢筋混凝土屋面板。

　　② 找平层。找平层是在结构层上铺设厚度为 20～30mm 的 1:3 水泥砂浆或细石混凝土，作用是保证防水层的基层表面平整。

　　③ 防水层。主要采用沥青类卷材、高聚物改性沥青防水卷材以及合成高分子防水卷材。

　　④ 保护层。分为上人屋面和不上人屋面保护层，目的是为了保护防水层。

　　2）细部构造。细部构造是指屋面上的泛水、雨水口、檐口等容易产生渗漏的部位的防水构造。

　　① 泛水构造（图 2-97）。泛水指在所有需要防水处理的平立面相交处所设的防水构造。一般突出于屋面之上的女儿墙、烟囱、楼梯间、电梯机房、检修孔等的壁面与屋顶的交接处均需要做泛水。泛水高度不应小于 250mm，转角处找平层应抹成圆弧形或 45°斜面，使防水卷材紧贴其上。泛水上口卷材的收头固定一般是采用钉木条、压铁皮、嵌砂浆、嵌配套油膏和盖镀薄钢板等方法。

　　② 檐口构造（图 2-98）。柔性防水屋面的檐口构造分无组织排水挑檐和有组织排水挑檐沟及女儿墙檐口等，其防水构造要点是卷材的收头，并做好滴水。无组织排水挑檐的收头

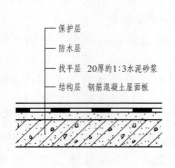

图 2-96　柔性防水屋面构造

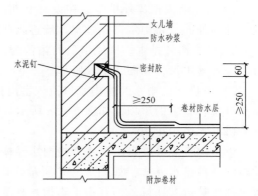

图 2-97　柔性防水屋面泛水构造

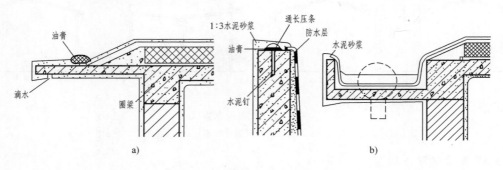

图 2-98　柔性防水屋面檐口构造

a）自由落水檐口油膏压顶　b）挑檐沟檐口

一般用油膏嵌实；有组织排水挑檐的卷材的收头一般是在檐沟边缘用水泥钉钉压条将卷材压住。

③ 雨水口构造（图 2-99）。雨水口是屋面雨水排至落水管的连接构件。分直管式和弯管式雨水口两种。雨水口在构造上要求排水通畅、防止渗漏水、防止堵塞。直管式雨水口为防止其周边漏水，应加铺一层卷材并贴入连接管内至少 100mm，雨水口上用定型铸铁罩或铅丝球盖住，用油膏嵌缝。弯管式雨水口穿过女儿墙预留孔洞内，屋面防水层应铺入雨水口内壁四周不小于 100mm，并安装铸铁算子以防杂物堵塞雨水口。

（2）刚性防水平屋面的构造

刚性防水屋面是指用刚性防水材料，如细石混凝土，做防水层的屋面。其优点是构造简单，施工便捷，造价经济；缺点是对温度变化和结构变形较为敏感，容易产生裂缝而渗水。一般用于南方地区，也可以用作屋面多道防水层中的一道防水层。

1）基本构造。刚性防水屋面的构造层次一般有：结构层、找平层、隔离层、防水层等，如图 2-100 所示。

① 结构层。一般为现浇钢筋混凝土屋面板。

② 找平层。在结构层的上面做 20 厚的 1:3 水泥砂浆找平，结构层表面比较平整的可以不做该层。

③ 隔离层。位于结构层与防水层之间，目的是减少结构层的变形对防水层的不利影响。常采用低标号砂浆、纸筋灰、薄砂层上干铺一层油毡等材料。

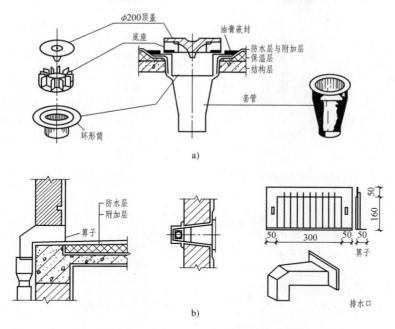

图 2-99 柔性防水平屋面雨水口构造

a）直管式雨水口 b）弯管式雨水口

④ 防水层。采用标号不低于 C20 的细石混凝土整体现浇，厚度不小于 40mm，双向配置间距 100～200mm，直径 4～6mm 的钢筋，保护层厚度不小于 10mm。也可以采用防水砂浆抹面、补偿收缩混凝土、块体等刚性材料。

2）细部构造

① 分仓缝构造。分仓缝是为了避免刚性防水层因温度变化、结构变形以及混凝土收缩等引起防水层开裂而设置的"变形缝"，有平缝和凸缝。一般情况下分仓缝间距不宜大于 6m。分仓缝主要设置在结构变形敏感部位，如屋面转折处、刚性防水层与立墙交接处等。

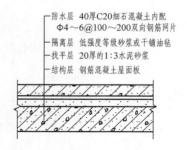

图 2-100 刚性防水屋面构造

分仓缝的构造要点如图 2-101 所示。

a. 防水层内的钢筋在分仓缝处应断开。

b. 屋面板缝用弹性密封材料嵌填，缝口用油膏嵌填，缝宽 20～40mm；

c. 缝口表面用防水卷材铺贴盖缝，卷材的宽度为 200～300mm。

② 泛水构造。刚性防水屋面的泛水构造与柔性防水屋面原理基本相同。不同的地方是：刚性屋面泛水与墙之间须留分格缝，缝内用弹性材料充填，缝口用油膏嵌缝或镀锌薄钢板盖缝。刚性防水屋面泛水构造，如图 2-102 所示。

③ 檐口构造。常用的檐口形式有无组织排水檐口和有组织排水檐口，如图 2-103 所示。无组织排水檐口常用挑梁挑板形成挑檐，将防水层做到檐口，并在收口处做滴水线。有组织挑檐沟外排水檐口将屋面防水层直接做到檐沟，并挑出屋面，做滴水线，檐沟内设纵向排水坡。

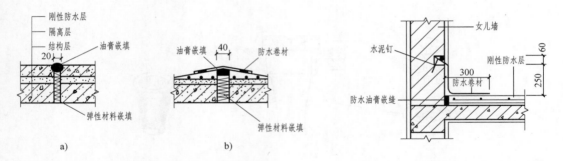

图 2-101　刚性防水屋面分仓缝构造　　　　　图 2-102　刚性防水屋面泛水构造
a）平缝　b）凸缝

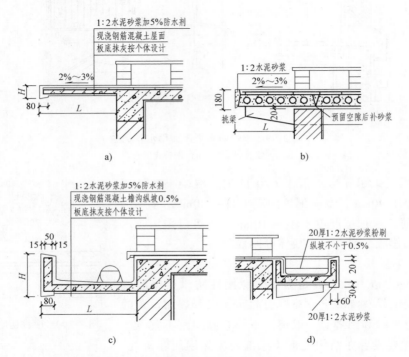

图 2-103　刚性防水屋面檐口构造

a）现浇钢筋混凝土檐口板　b）预制板檐口　c）现浇檐沟　d）预制檐沟

④ 雨水口构造。刚性防水屋面雨水口与柔性防水屋面雨水口规格、类型相同。直管式雨水口为防止雨水在雨水口套管与沟底接缝处渗漏，应在雨水口周边加铺柔性卷材并铺至套管内壁，檐口处浇筑的混凝土防水层应盖在附加的卷材之上，防水层与雨水口相接处用油膏嵌实，具体可参考图 2-99。弯管式雨水口安装时，在雨水口处的屋面应加铺一层柔性卷材，然后浇筑混凝土防水层，防水层与弯头交接处用油膏嵌实。

2.6.3　坡屋顶的构造

坡屋顶一般由承重结构层和防水层两部分组成，必要时还有保温层、隔热层等。

1. 坡屋顶的承重结构

坡屋顶中常用的承重结构有墙承重和框架承重，如图 2-104 所示。

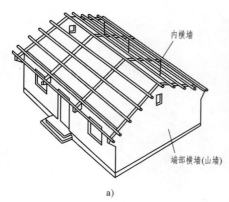

a)　　　　　　　　　　　　　　b)

图 2-104　坡屋顶的承重结构

a）墙承重　b）框架承重

（1）墙承重

墙承重适用于房屋开间较小的建筑物，如宿舍、住宅等。

墙承重是指按屋顶坡度把横墙上部砌成三角形，檩条直接搁置在横墙上，承受屋面重量。这种承重方式做法简单、经济，房间之间隔声、防火较好；但平面布局受限制。

（2）框架承重

框架承重适用于较大空间的建筑，如会堂、食堂、展览馆等。

框架承重是指屋面荷载通过屋面板传递给框架梁，再传递给框架柱。

2. 坡屋顶的屋面构造

坡屋面常用的屋面防水材料为各种瓦材及与瓦材配合使用的各种防水材料，根据瓦的种类不同坡屋面有很多种，如油毡瓦屋面、钢筋混凝土板平瓦屋面等。

（1）油毡瓦屋面

油毡瓦是以玻璃纤维为基架，经过浸涂优质石油沥青后，一面覆盖彩色矿物粒料，另一面为隔离保护层组成的新型瓦状屋面防水材料。它具有良好的防水，装饰功能，是目前国内广泛应用于坡屋面的新型防水装饰材料，规格一般为 $1000mm \times 333mm \times 2.8mm$。

铺贴的方式主要采用钉粘结合，以钉为主的方法。其屋面防水构造做法如图 2-105 所示。

（2）钢筋混凝土板平瓦屋面

在钢筋混凝土屋面板找平层上铺防水卷材、保温层，再做水泥砂浆卧瓦层，最薄处 20mm，内配 $\phi 4 \sim 6@500mm \times 500mm$ 钢筋网，再铺瓦。其屋面防水构造做法如图 2-106 所示。

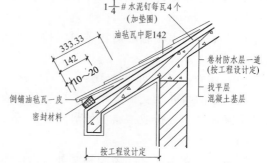

图 2-105　油毡瓦屋面防水构造

3. 坡屋顶的细部构造

（1）檐口

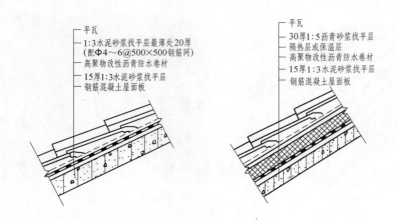

图 2-106　钢筋混凝土板平瓦屋面防水构造

坡屋面的檐口式样有两种：一是挑檐，要求挑出部分的坡度与屋面坡度一致；另一种是包檐，用女儿墙将檐口封住，要做好女儿墙内侧的防水，以防渗漏。

1）砖砌挑檐。砖砌挑檐一般不超过墙体厚度的一半。每层砖挑长为 60mm，砖可平挑出，也可把砖斜放，用砖角挑出，挑檐砖上方瓦伸出 30～50mm。

2）椽木挑檐。当屋面有椽木时，可以用椽木出挑，以支承挑出部分的屋面。挑出部分的椽条，外侧可钉封檐板，底部可钉木条并油漆。

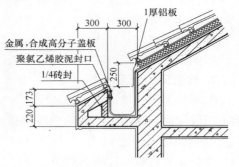

图 2-107　坡屋面檐沟

3）钢筋混凝土现浇挑檐沟。当房屋屋面集水面积大、檐口高度高、降雨量大时，坡屋面的檐口可设钢筋混凝土檐沟，并采用有组织排水，如图 2-107 所示。

4）包檐。在女儿墙与屋面相交处设排水沟，通过女儿墙遮挡檐沟。

（2）山墙

双坡屋面的山墙有硬山和悬山两种。硬山是指山墙与屋面砌平或高于屋面。悬山是把屋面挑出山墙之外。

（3）屋脊和天沟（图 2-108）

坡屋面的高处相交形成屋脊，屋脊处用脊瓦盖缝。坡屋面在低处相交形成天沟，构造上常采用镀锌薄钢板折成槽状，依势固定在天沟下的屋面板上，以作防水层。

（4）泛水构造

屋面上的突出部分与屋面相交处应做泛水，以防接缝处渗水。一种做法是镀锌薄钢板泛水，将镀锌薄钢板固定在屋面突出物四周的预埋件上，向下披水。在靠近屋脊的一侧，铁皮伸入瓦下，在靠近檐口的一侧，铁皮盖在瓦面上。另一种做法是用水泥砂浆做抹灰泛水。

（5）檐沟和落水管

坡屋面房屋采用有组织排水时，需在檐口处设檐沟，并布置落水管。坡屋面排水计算、落水管的布置数量、落水管、雨水斗、落水口等防水构造要求同平屋顶有关要求。

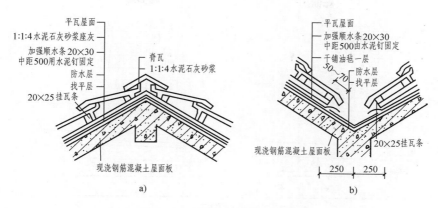

图 2-108　坡屋顶屋脊、天沟

a）屋脊　b）天沟

2.6.4　屋顶的保温与隔热

屋顶作为建筑物的外围护结构，设计时应根据当地的气候条件以及使用功能的要求，解决好屋顶的保温与隔热方面的问题。

1. 屋顶的保温

屋顶保温处理的做法一般是在屋顶中增设保温层。

（1）保温材料

保温材料应具有吸水率低、表观密度和热导率较小且有一定的强度，按形状可分为以下三种类型。

1）散料类。常用炉渣、矿渣、膨胀蛭石、膨胀珍珠岩等。

2）整体类。整体类是指以散料作骨料，掺入一定量的胶结材料，现场浇筑而成。如水泥炉渣、水泥膨胀蛭石、水泥膨胀珍珠岩及沥青膨胀蛭石和沥青膨胀珍珠岩等。

3）板块类。板块类是指利用骨料和胶结材料由工厂制作而成的板块状材料，如加气混凝土、泡沫混凝土、膨胀蛭石、膨胀珍珠岩、泡沫塑料等块材或板材等。

各类保温材料的选用应结合工程造价、铺设的具体位置、保温层是否封闭等因素加以综合考虑。

（2）保温层的设置

1）平屋顶保温层的设置。根据保温层与防水层在屋顶中的相对位置有正置式保温和倒置式保温两种处理方式。

① 正置式保温。将保温层设在结构层之上、防水层之下而形成封闭式保温层，也称为内置式保温，如图 2-109a 所示。

② 倒置式保温。将保温层设在防水层之上，形成敞露式保温层，也叫外置式保温，如图 2-109b 所示。

2）坡屋顶保温层的设置。坡屋顶的保温有屋面层保温和顶棚层保温两种做法。当采用屋面层保温时，其保温层可设置在瓦材下面或檩条之间，如图 2-110 所示。当屋顶为顶棚保温时，需在吊顶龙骨上铺板，板上设保温层，可以起到保温和隔热的双重效果。

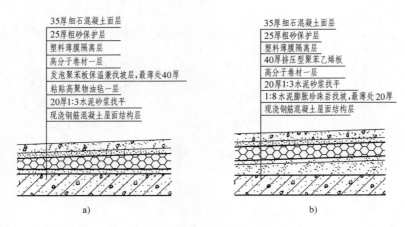

图 2-109　平屋顶保温构造

a）正置式保温　b）倒置式保温

2. 屋顶的隔热

屋顶隔热降温的基本原理：减少直接作用于屋顶表面的太阳辐射热量。采用的主要构造做法是：通风隔热、蓄水隔热、植被隔热、反射隔热等。

（1）平屋顶的隔热

1）通风隔热。在屋顶中设置通风间层，使上层表面起遮挡阳光的作用，利用风压和热压作用把间层中的热空气不断带走，以减少传到室内的热量，从而达到隔热降温的目的。通风隔热屋面一般有架空通风隔热屋面和顶棚通风隔热屋面两种做法，如图 2-111 所示。

2）蓄水隔热。在屋顶蓄积一层水，利用水蒸发时需要大量的气化热，从而大量消耗晒到屋面的太阳辐射热，以减少屋顶吸收的热能，从而达到降温隔热的目的。蓄水屋

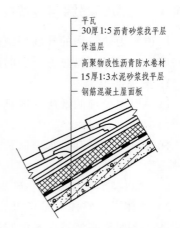

图 2-110　坡屋顶保温构造

面构造与刚性防水屋面基本相同，只是增设了一壁三孔，即蓄水分仓壁、溢水孔、泄水孔和过水孔，如图 2-112 所示。

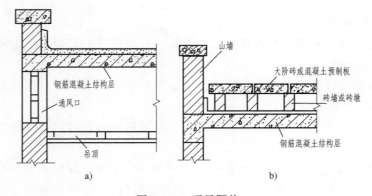

图 2-111　通风隔热

a）顶棚通风层　b）架空大阶砖或预制板

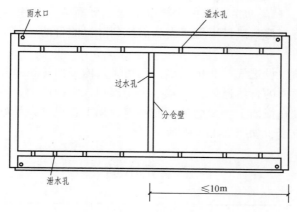

图 2-112 蓄水隔热

3）植被隔热。在屋顶上种植植物，利用植被遮挡阳光以及植被光合作用时吸收热量，从而达到降温隔热的目的，如图 2-113 所示。

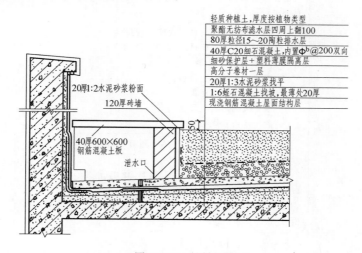

图 2-113 植被隔热

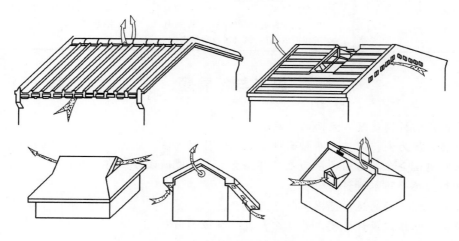

图 2-114 坡屋顶的隔热

4）反射降温隔热。在屋面上刷浅色涂料或铺浅色砾石等，利用材料的颜色和光滑度对热辐射的反射作用，将一部分热量反射回去从而达到降温的目的。

（2）坡屋顶的隔热

炎热地区在坡屋顶中设进气口和排气口，利用屋顶内外的热压差和迎风面的压力差，组织空气对流，形成屋顶内的自然通风，以减少由屋顶传入室内的辐射热，从而达到隔热降温的目的。进气口一般设在檐墙上、屋檐部位或室内顶棚上；出气口最好设在屋脊处，以增大高差，有利加速空气流通，如图2-114所示。

子单元小结

子 项	知 识 要 点	能 力 要 点
屋顶的类型	屋顶根据坡度及造型不同分为平屋面、坡屋面、其他形式屋面	能区分不同类型的屋面,并熟悉各自的特点
屋顶设计要求	防排水要求、保温隔热要求、结构要求、建筑美观要求	能根据屋面特点设计屋面构造
屋顶的排水	1. 排水坡度的形成:材料找坡、结构找坡 2. 排水方式:无组织排水、有组织排水 3. 排水组织设计步骤: （1）确定排水坡面的数目(分坡) （2）划分排水区的面积 （3）确定天沟形式及尺寸 （4）确定水落管规格及间距	会进行屋面排水组织设计
屋顶的构造	1. 平、坡屋顶根据防水材料不同有柔性防水屋面、刚性防水屋面 2. 平屋顶的细部构造主要是檐口、泛水、雨水口、分仓缝等的构造 3. 坡屋顶的细部构造有檐口、山墙、屋脊、天沟、泛水和雨水口等	能看懂刚性、柔性防水屋面的节点构造图,会区分两者的不同点
屋顶的保温、隔热	1. 平屋顶保温:正置式保温、倒置式保温 2. 平屋顶隔热:通风隔热、蓄水隔热、植被隔热 3. 反射降温隔热 4. 坡屋面的保温:屋面保温、顶棚保温 5. 坡屋面的隔热:设进风口和排汽口	能看懂屋面保温、隔热的构造做法,根据实际情况会选择保温、隔热构造做法

思考与拓展题

1. 举例说明校园建筑物屋面的结构形式。

2. 以教学楼为例，简单说明屋面排水组织设计的方法。

3. 北京奥运会比赛场馆的屋面都有哪些类型，构造做法分别有哪些？

4. 常用的屋面防水材料有哪些？

5. 各种类型屋面的适用范围、特点是什么？

6. 屋面排水组织设计的要点是什么？设计步骤如何？

7. 刚性、柔性防水屋面的细部构造做法的异同点是什么？

子单元7 楼梯

知识目标：掌握楼梯的组成及分类；掌握钢筋混凝土楼梯的构造要求；掌握室外台阶与坡道的构造；掌握栏杆、扶手的尺寸要求；了解电梯和自动扶梯的组成原理。

能力目标：1. 能认识不同结构类型的现浇钢筋混凝土楼梯的特点，会读楼梯构造详图。

2. 记住楼梯的各组成的主要尺寸要求，会对楼梯各细部作相应的构造处理。

学习重点：现浇钢筋混凝土楼梯的形式，楼梯的尺度，楼梯的构造设计及踏步、栏杆、扶手等细部构造。

2.7.1 楼梯概述

1. 作用

楼梯是建筑物垂直交通设施之一，其作用是联系上下交通通行和人员疏散。

2. 设计要求

楼梯是建筑物的主要组成部分，在设计中要求楼梯坚固、耐久、安全、防火；要有足够的通行宽度和疏散能力，做到上下通行方便，便于搬运家具物品。

3. 类型

楼梯的类型是根据其使用要求、建筑功能、建筑平面和空间特点及楼梯在建筑中的位置等因素确定的。楼梯的分类一般有以下几种。

1）按楼梯的材料分类，有钢筋混凝土楼梯、钢楼梯、木楼梯和其他材料楼梯。

2）按楼梯所处的位置分类，有室内楼梯、室外楼梯。

3）按楼梯的使用性质分类，有主要楼梯、辅助楼梯。

4）按楼梯的平面形式分类，有单跑楼梯、双跑楼梯、三跑楼梯、螺旋楼梯等（图2-115）。

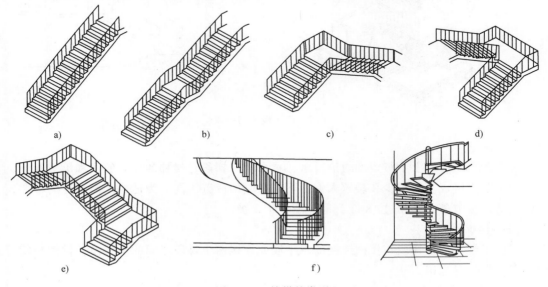

图2-115 楼梯的类型

a) 直跑楼梯（单跑） b) 直跑楼梯（双跑） c) 折角楼梯 d) 双跑楼梯（双跑并列） e) 三跑楼梯 f) 螺旋楼梯

5）按楼梯间的平面形式分类，有开敞式楼梯间、封闭楼梯间、防烟楼梯间（图2-116）。

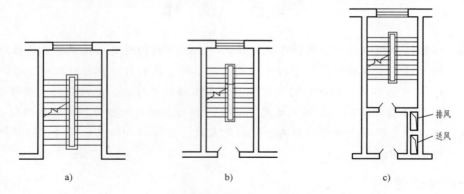

图 2-116 楼梯间平面形式
a）开敞楼梯间 b）封闭楼梯间 c）防烟楼梯间

2.7.2 楼梯的组成和尺度

1. 楼梯的组成

楼梯一般由梯段、楼梯平台、栏杆（或栏板）和扶手组成，如图2-117所示。楼梯所处的空间称为楼梯间。

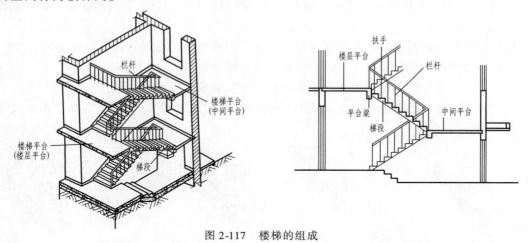

图 2-117 楼梯的组成

（1）梯段

设有踏步供层间上下行走的通道段落，称梯段。梯段是楼梯的主要使用和承重部分。它由若干个踏步组成。为减少和缓解人们上下楼梯时的疲劳，同时为适应人们行走的习惯，一个梯段的踏步数最多不超过18级，最少不少于3级。

（2）楼梯平台

楼梯平台是指楼梯段与楼面连接的水平段或连接两个梯段之间的水平段，供楼梯转折或使用者略作休息之用。

（3）楼梯梯井

楼梯两梯段之间的间隙称为梯井，其作用是方便施工，宽度根据使用和空间效果而确定不同的取值。为了安全，宽度宜小，一般为 60～200mm，公共建筑一般不小于 160mm，住宅楼梯井宽度大于 0.11m 时，必须采取防止儿童攀爬的措施。对于托儿所、幼儿园、中小学及少年儿童活动场所的楼梯，楼井净宽大于 0.2m 时，也必须采用措施防止攀爬。

（4）栏杆和扶手

栏杆和扶手是楼梯的安全设施，一般设置在梯段和平台的临空边缘。对它的首要要求是安全牢固，由于楼梯栏杆和扶手是具有较强装饰作用的构件，所以根据不同建筑类型对其材料、形式、色彩等有较高要求。

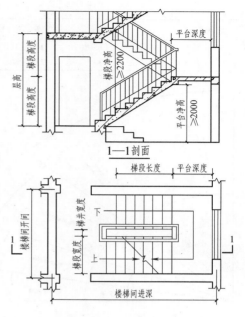

图 2-118　楼梯的尺寸

2. 楼梯的尺寸

楼梯的尺寸涉及梯段、踏步、平台、净空高度等多个尺寸，如图 2-118 所示。

（1）梯段的宽度

梯段的宽度根据建筑物的使用特征，按通过的人流股数及搬运家具的需要等确定，作为主要通行的楼梯，按照每股人流宽为 550mm + （0～150）mm，并不应少于两股人流考虑。

梯段的宽度应满足建筑设计防火规范对梯段宽度的限定，如住宅不应小于 1100mm，公共建筑不应小于 1300mm 等。公共建筑人流众多的场所应取上限值。

（2）楼梯平台深度

楼梯平台深度不应小于楼梯段的宽度，并不应小于 1.2m，以满足梯段中搬运大型物品的需要。对有特殊要求的建筑，楼梯平台的宽度应满足具体规定。

（3）楼梯的坡度是指梯段的坡度，即梯段的倾斜角度。梯段坡度的大小直接影响到楼梯的正常使用，梯段坡度过大会造成行走吃力，过小会加大楼梯间进深尺寸。所以，在确定楼梯坡度时，应综合考虑使用和经济因素。

一般楼梯的坡度范围在 23°～45°，适宜的坡度为 30°左右，如图 2-119 所示。坡度过小时，可做成坡道；坡度过大时，可做成爬梯。

（4）踏步尺寸

楼梯踏步的尺寸决定着楼梯段的坡度，因此必须选择合适的踏步高度和宽度。踏步的高度与人们的步距有关，宽度应与人脚长度相适应，当踏步宽度不能保证时，常采用出挑踏步面的方法，使得在梯段长度不变情况下增加踏步面宽，如图 2-120 所示。

踏步的尺寸根据人体的基本尺寸采用如下经验公式确定。

$$2h + b = 600～620mm$$

式中　　　h——踏步高度；

　　　　　b——踏步宽度；

600～620mm——一般人行走的平均步距。

常用踏步的参考尺寸，详见表 2-7。

表2-7 常用踏步的参考尺寸 （单位：mm）

建筑类型	住宅	学校、办公楼	幼儿园	医院(病人用)	剧院、食堂
踏步高 h	156～175	140～160	120～150	150	120～150
踏步宽 b	250～300	280～340	260～300	300	300～350

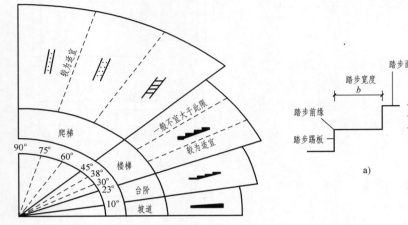

图2-119 楼梯、台阶和坡道的适用范围　　　　图2-120 增加踏步面宽的方法
　　　　　　　　　　　　　　　　　　　　　　a）无突缘 b）有突缘（直踢板）

（5）楼梯栏杆扶手的高度

楼梯栏杆扶手的高度自踏步前缘线量起不宜小于900mm。靠梯井一侧水平扶手长度超过500mm时，其高度不应小于1050mm。幼儿园建筑的楼梯应增设幼儿扶手，其高度不应大于600mm。室外楼梯栏杆高度及室内顶层平台的水平栏杆高度应不小于1050mm，如图2-121所示。高层建筑的栏杆高度应再适当提高，但不宜超过1200mm。

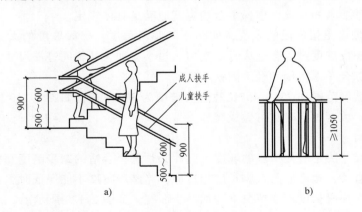

图2-121 楼梯栏杆扶手高度
a）梯段处 b）顶层平台处安全栏杆

（6）楼梯的净空高度

楼梯的净空高度是指踏步前缘至其正上方梯段下表面的垂直距离或平台面至其上部平台梁底面的距离。梯段净高应不小于2200mm；平台梁下净空高不应小于2000mm，并且梯段起止踏步边缘与顶部突出物内边缘水平距离不应小于300mm，如图2-122所示。

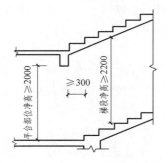

图 2-122　楼梯的净空高度

当底层楼梯平台下设置楼梯间入口时，为使平台净高满足要求，常采用以下几种处理方法。

1）增加底层第一梯段的踏步数量，以此增大入口处中间平台的高度，如图 2-123a 所示。

2）利用室内外地面高差降低楼梯间底层地面的标高，如图 2-123b 所示。

3）将上述两种方法结合，如图 2-123c 所示。

4）将底层楼梯做成直跑梯段，直接进入二层，如图 2-123d 所示。

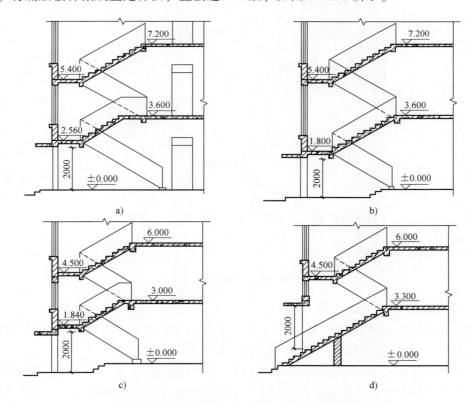

图 2-123　楼梯底层入口处净空尺寸的调整

2.7.3　钢筋混凝土楼梯

　　钢筋混凝土与木材和钢材相比具有较好的耐火性、耐久性，因此在民用建筑中大量采用钢筋混凝土楼梯。按施工方法不同，分为现浇钢筋混凝土楼梯和预制钢筋混凝土楼梯两大类。预制装配式钢筋混凝土楼梯由于安装构造复杂、整体性差、不利于抗震，在实际中较少使用，目前建筑中采用较多的是现浇钢筋混凝土楼梯。

1. 现浇钢筋混凝土楼梯

现浇钢筋混凝土楼梯构造的特点是整体性好、刚度大、尺寸灵活、形式多样，抗震性能好，不需要大型起重设备，但施工工序多、工期较长。按传力与结构形式的不同，有板式楼梯和梁式楼梯两种。

（1）板式楼梯

板式楼梯的梯段相当于一块斜放的现浇板，平台梁是支座，如图 2-124a 所示。其荷载传力路线是：荷载→梯段板→平台梁→墙体（柱）基础。

板式楼梯受力简单，底面平整，易于支模和施工。由于梯段板的厚度与梯段跨度成正比，跨度较大的梯段会使梯段厚度加大而不经济，因此板式楼梯一般适用于梯段水平投影长度不太大的情况。有时为了保证平台过道处的净空高度，可以在板式楼梯的局部取消平台梁，形成折板楼梯，如图 2-124b 所示，此时梯段板的跨度为梯段水平投影长度与平台深度之和。

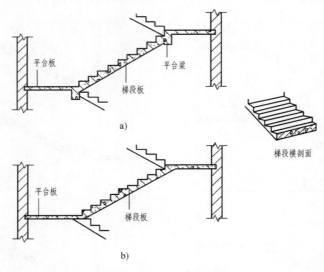

图 2-124　现浇板式楼梯

（2）梁式楼梯

梁式楼梯的踏步板两侧设有斜梁，平台梁是斜梁的支座，如图 2-125 所示。其荷载传力路线是：荷载→踏步板→斜梁→平台梁→墙体（柱）基础。

梁式楼梯也可在梯段的一侧布置斜梁，踏步一端搁置在斜梁上，另一端直接搁置在承重墙上；有时梁式楼梯的斜梁设置在梯段的中部，形成踏步板两侧悬挑的状态。梁式楼梯的受力较复杂，支模施工难度大，但可节约材料、减轻自重，梁式楼梯多用于梯段跨度较大的楼梯。根据斜梁与踏步的关系，又分为明步和暗步两种形式。明步是踏步外露，如图 2-125b 所示；暗步是踏步被斜梁包在里面，如图 2-125c 所示。

2. 预制装配式钢筋混凝土楼梯

预制装配式钢筋混凝土楼梯是先在预制厂或施工现场预制楼梯构件，然后在现场进行装

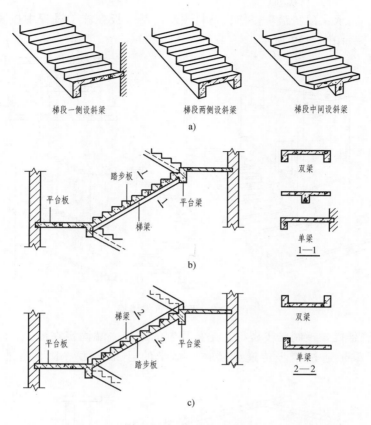

图 2-125　现浇梁式楼梯

a) 斜梁的设置　b) 明步楼梯　c) 暗步楼梯

配。按照组成楼梯的构件尺寸和装配程度，可以分为小型构件装配式、中型构件装配式和大型构件装配式等。

（1）小型构件装配式楼梯

小型构件装配式楼梯是将踏步板和承重结构分开预制，将踏步板作为基本构件。有梁承式、墙承式和悬挑踏步三种。

1）梁承式。梁承式预制踏步楼梯，是将预制的踏步支撑在预制梁上，形成梯段，斜梁支撑在平台梁上，如图 2-126 所示。

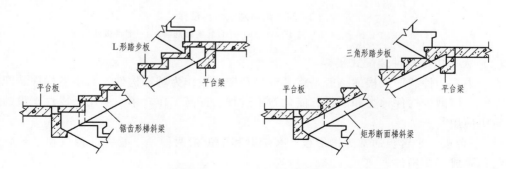

图 2-126　预制梁承式楼梯

2）墙承式。墙承式预制踏步楼梯，是将预制的踏步板在施工过程中按顺序直接搁置在墙上，形成梯段，如图2-127所示。

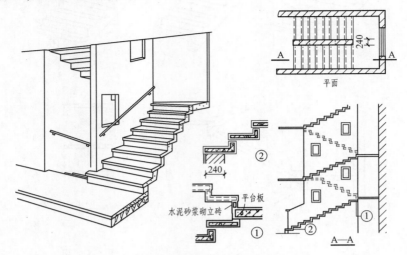

图 2-127　预制墙承式楼梯

3）悬挑式。悬挑式预制踏步楼梯，是将预制的踏步一端固定在墙上，一端悬挑，形成悬臂构件，全部重量通过踏步传递到墙体，踏步的悬挑长度一般不超过1500mm，如图2-128所示。

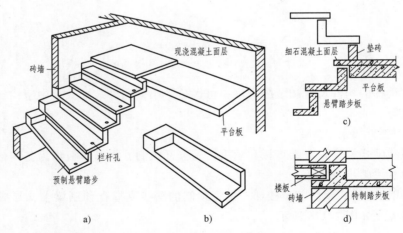

图 2-128　预制悬挑踏步楼梯

a）悬臂踏步楼梯示意　b）踏步构件　c）平台转换处剖面　d）遇楼板处构件

（2）大、中型构件装配式楼梯

大、中型构件装配式楼梯一般是将平台梁和楼梯段作为基本构件，与小型构件装配式楼梯相比，可以减少构件种类和数量，简化施工过程、提高工作效率。适用于成片建设的大量性建筑中使用。

1）平台板。平台板通常为槽形板，有带梁和不带梁两种。一般将平台板和平台梁组合在一起预制成一个构件。

2）梯段。梯段有板式和梁式两种。板式梯段踏步为明步，有空心和实心两种，空心板有横向和纵向抽孔，如图 2-129 所示。梁式梯段是把踏步板和斜梁组合成一个构件，如图 2-130 所示。

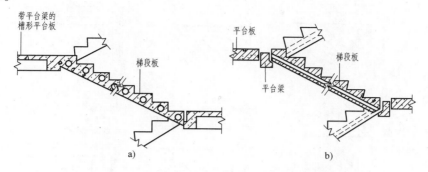

图 2-129　板式梯段

a）横向孔板式梯段　b）纵向孔板式梯段

3）梯段与平台板的连接。梯段与平台板及与基础的连接方式常用焊接及插接两种，如图 2-131 所示。

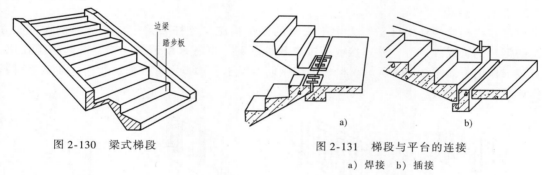

图 2-130　梁式梯段

图 2-131　梯段与平台的连接

a）焊接　b）插接

2.7.4　楼梯的细部构造

1. 踏步的防滑处理

踏步由踏面和踢面构成。按使用要求，踏面应当平整耐磨、便于行走、容易清洁。踏面的材料一般与门厅或走道的地面材料相同，并有较强的装饰效果，常用的有水泥砂浆面层、水磨石、花岗岩、大理石、缸砖等，如图 2-132 所示。

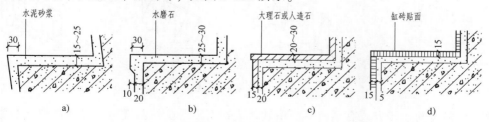

图 2-132　踏步面层构造

a）水泥砂浆面层　b）水磨石面层　c）大理石或人造石面层　d）缸砖面层

楼梯踏面需做防滑处理，防止行人跌倒，尤其是人流量大的建筑。常用的防滑措施是在踏步口做防滑条，如铜条、铸铁、金属条、塑料条、橡胶条、马赛克等，如图 2-133 所示。

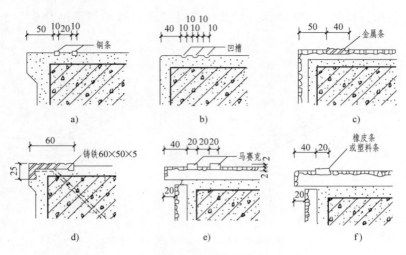

图 2-133　踏步防滑构造

a) 铜条防滑条　b) 防滑凹槽　c) 嵌金属防滑条　d) 铸铁包口防滑条　e) 贴马赛克防滑条　f) 嵌橡皮防滑条

2. 栏杆、栏板

栏杆和栏板是楼梯中保护行人上下安全的围护措施。栏杆多采用金属材料制作，如方钢、圆钢、钢管或扁钢等，并焊接或铆接成各种图案，也有采用铸铁花饰，既起防护作用，又有装饰作用，如图 2-134 所示。栏板采用钢筋混凝土、木板、有机玻璃、钢化玻璃等材料制作如图 2-135 所示。

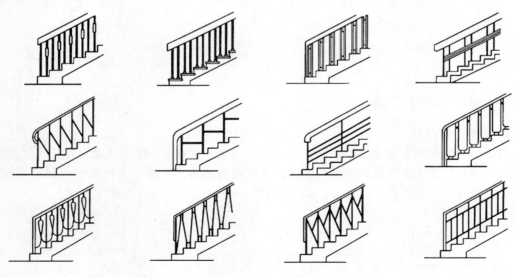

图 2-134　栏杆形式

栏杆与踏步的连接方式有预留孔洞用砂浆或细石混凝土填实锚接、预埋件焊接和膨胀螺栓连接等，如图 2-136 所示。

3. 扶手

楼梯扶手按材料分有硬木、金属型材、工程塑料等。扶手形式及扶手与栏杆的连接构造，如图 2-137 所示；靠墙扶手的连接如图 2-138 所示；扶手与墙或柱连接构造如图 2-139 所示。

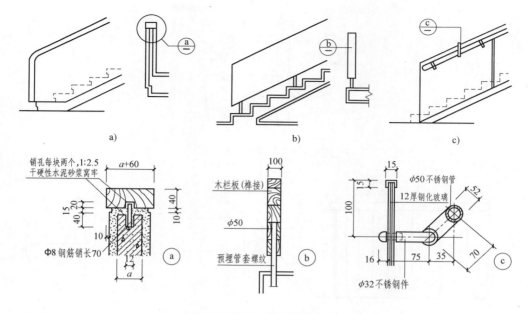

图 2-135　栏板构造

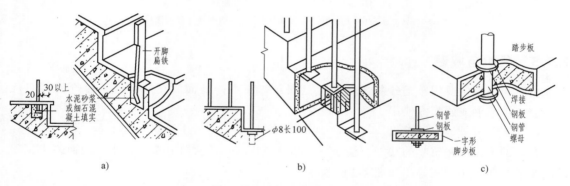

图 2-136　栏杆与踏步的连接
a) 锚接　b) 焊接　c) 螺栓连接

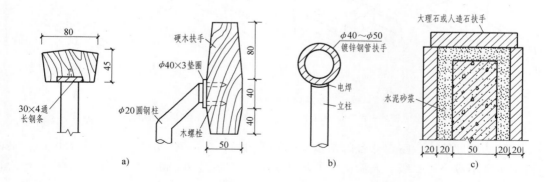

图 2-137　扶手与栏杆的连接
a) 硬木扶手　b) 钢管扶手　c) 天然石材或人造石材扶手

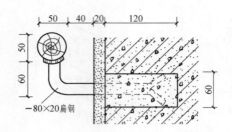

图 2-138 靠墙扶手的连接

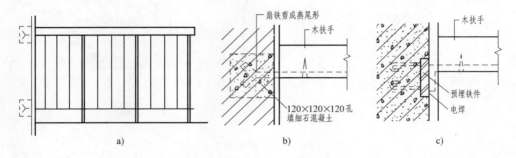

图 2-139 扶手与墙或柱的连接

a) 栏杆立面 b) 栏杆扶手与砖墙连接 c) 与钢筋混凝土连接

2.7.5 台阶与坡道

台阶与坡道主要用于建筑物出入口，是联系标高不同地面的交通构件。台阶供人们行走，坡道供车辆或残疾人使用。

1. 台阶

台阶的形式与建筑物的功能、基地环境相适应。常用的台阶有单面踏步、两面踏步、三面踏步或与花池相连接等，如图 2-140 所示。

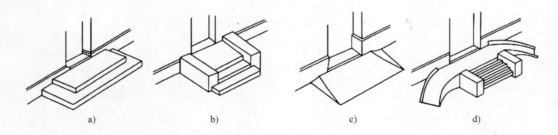

图 2-140 台阶的形式

a) 三面踏步式 b) 单面踏步式 c) 坡道式 d) 踏步坡道结合式

台阶的坡度较小，室内外台阶踏步宽度不宜小于 300mm，高度不宜大于 150mm，室内台阶踏步数不应小于 2 级。人流密集的场所台阶高度超过 700mm 时，宜设置护栏。台阶顶部平台一般应比门洞口每边至少宽出 500mm，平台深度一般不应小于 1000mm，并比室内地面低 20～50mm，向外做出 1%～4% 的排水坡度。台阶在建筑主体工程完成后再进行施工，台阶的面材应考虑防水、防滑、抗冻、抗风化等，如水泥砂浆、水磨石、地砖、天然石材等都可作为台阶面材。台阶按构造有实铺和空铺两种，如图 2-141 所示。

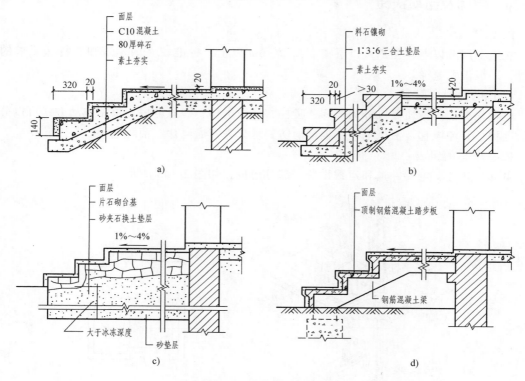

图 2-141　台阶的构造

a）混凝土台阶（实铺）　b）石砌台阶（实铺）　c）换土地基台阶（实铺）　d）预制钢筋混凝土架空台阶（空铺）

2．坡道

坡道主要供车辆行驶用。坡道的坡度一般在 1:6 ~ 1:12 之间，面层光滑的坡道坡度不宜大于 1:10。坡道表面一般需作防滑处理，如图 2-142 所示。

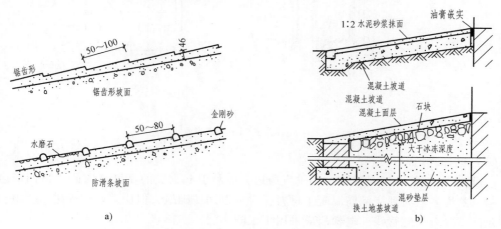

图 2-142　坡道的构造

a）坡道防滑　b）坡道做法

残疾人用的无障碍坡道坡度应较平缓，一般不大于1:12，坡道两侧应设扶手。

2.7.6 电梯及自动扶梯

1. 电梯

住宅七层及以上、住户入口层楼面高度16m以上、标准较高的建筑和有特殊要求的建筑等，一般设置电梯。

（1）电梯的类型

电梯根据使用性质可以分为客梯、货梯、消防电梯、观光电梯；根据拖动方式可以分为交流电梯、直流电梯、液压电梯；根据消防要求分为普通电梯、消防电梯。

（2）电梯的组成

电梯由轿厢、电梯井道和运载设备三部分组成，如图2-143所示。

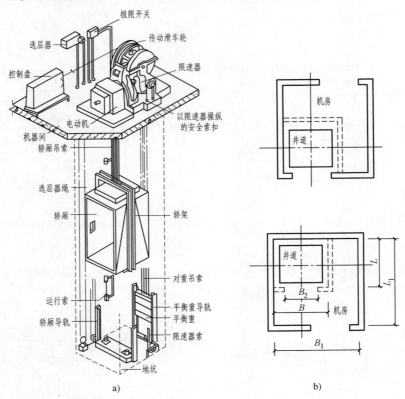

图 2-143 电梯的组成

a）电梯井道 b）井道平面

（3）电梯井道的构造要求

1）防火。电梯井道是建筑中的垂直通道，极易引起火灾的蔓延，因此井道四周应为防火结构。井道多数为现浇钢筋混凝土材料，也可以用砖砌筑，但应采取加固措施，电梯井道内不允许布置无关的管线。电梯门应采用甲级防火门。

2）隔声。电梯运行时产生振动和噪声，一般在机房机座下设弹性垫层隔振；在机房与井道间设高为1.5m左右的隔声层，如图2-144所示。

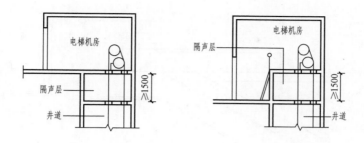

图 2-144　机房隔声层

3）通风。在地坑与井道中部和顶部，分别设置面积不小于 300mm×600mm 的通风孔，解决井道内的排烟和空气流通问题。

电梯机房与井道的关系如图 2-145 所示，电梯机房平面图如图 2-146 所示。另外，还要解决好井道的防水、防潮、检修等问题。

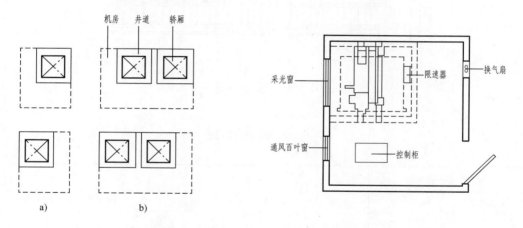

图 2-145　机房与井道的关系

a）单台电梯机房　b）双台电梯机房

图 2-146　电梯机房平面图

2. 自动扶梯

自动扶梯连续运输效率高，多用于人流量大的场所，如商场、火车站和机场等。自动扶梯的坡度平缓，一般为 30°左右，运行速度为 0.5~0.7m/s。自动扶梯的宽度有单人和双人两种类型，自动扶梯规格见表 2-8。

表 2-8　自动扶梯的规格

梯　型	输送能力 /（人/h）	提升高度 /m	速度 /（m/s）	扶梯宽度	
				净宽 B/mm	外宽 B_1/mm
单人梯	5000	3~10	0.5	600	1350
双人梯	8000	3~8.5	0.5	1500	1750

自动扶梯有正反两个运行方向，它由悬挂在楼板下面的电动机牵动踏步板与扶手同步运行。自动扶梯的组成如图 2-147 所示。

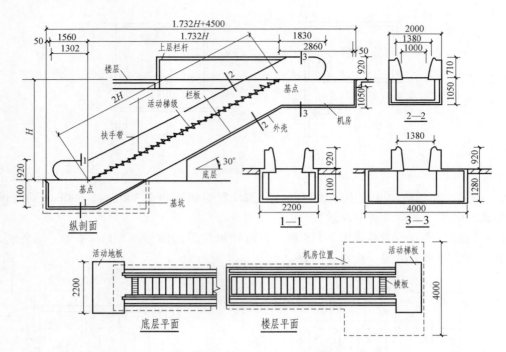

图 2-147 自动扶梯组成示意图

子单元小结

子 项	知 识 要 点	能 力 要 点
楼梯概述	楼梯的作用、设计要求、类型	辨认不同类型的楼梯
楼梯的组成和尺度	楼梯的组成:梯段、平台、平台梁、栏杆、扶手; 楼梯的尺寸:梯段宽度、楼梯坡度、平台深度、踏步尺寸、扶手栏杆高度、净空高度、梯井宽度	明确各组成之间的关系,掌握楼梯主要尺度
钢筋混凝土楼梯	现浇钢筋混凝土板式楼梯和梁式楼梯的构造及传力路线;梁承式、墙承式和悬挑踏步等小型构件预制装配式楼梯构造特点	分清板式楼梯与梁式楼梯,基本了解预制装配式楼梯的构造特点
楼梯的细部构造	踏步及踏面的做法和防滑措施构造; 栏杆、栏板、扶手的材料及尺寸; 栏杆、栏板与踏步、扶手的连接与做法	能进行踏步的防滑处理,能根据材料的不同处理好各细部之间的连接
台阶与坡道	台阶的材料、做法; 坡道的坡度要求、坡道构造	掌握台阶、坡道的尺度和构造做法
电梯及自动扶梯	电梯的组成及原理,主要构造要求; 自动扶梯的组成	

思考与拓展题

1. 你认识的楼梯还有哪些类型？指出校园内的几种主要楼梯类型，并说明它们的使用情况。

2. 根据现场教学的认识，说明楼梯的施工顺序和方法。

3. 各种类型楼梯的适用范围、特点是什么？

4. 楼梯的组成有哪些？结构类型如何？

5. 楼梯的各组成部分的要求有哪些？

子单元 8 变 形 缝

知识目标：掌握变形缝的分类及设置原则和变形缝在基础、楼地面、墙面及屋面的构造处理
方法。

能力目标：1. 能掌握变形缝的设置原则，能处理建筑各部位变形缝的基本构造做法。

2. 会根据建筑的特征辨认伸缩缝和沉降缝。

学习重点：变形缝的设置原则及构造处理方法。

2.8.1 伸缩缝

1. 伸缩缝的作用

建筑构件因温度和湿度等的变化会产生胀缩变形，当建筑物长度超过一定范围时，建筑
构件就会由此产生开裂或破坏。为此通常在建筑物适当的部位设置具有一定宽度的缝隙，以
避免温度变化而引起的破坏。

2. 伸缩缝的设置原则

伸缩缝是将基础以上的建筑构件，如墙体、楼板层、屋顶等全部断开，以保证各自独立
能在水平方向自由收缩。伸缩缝的设置间距与结构类型、结构材料、施工方法以及建筑所处环
境等因素有关。砌体结构和钢筋混凝土结构的伸缩缝最大设置间距见表 2-9、表 2-10。

表 2-9 砌体结构伸缩缝的最大间距　　　　　　　　　　　（单位：m）

屋盖或楼盖类型		间　　距
整体式或装配整体式 钢筋混凝土结构	有保温层或隔热层的屋盖、楼盖	50
	无保温层或隔热层的屋盖	40
装配式无檩体系 钢筋混凝土结构	有保温层或隔热层的屋盖、楼盖	60
	无保温层或隔热层的屋盖	50
装配式有檩体系 钢筋混凝土结构	有保温层或隔热层的屋盖、楼盖	75
	无保温层或隔热层的屋盖	60
瓦材屋盖、木屋盖或楼盖、轻钢屋盖		100

表 2-10 钢筋混凝土结构伸缩缝的最大间距　　　　　　　　（单位：m）

结　构　类　别		室内或土中	露　　天
排架结构	装配式	100	70
框架结构 框架-剪力墙结构	装配式	75	50
	现浇式	55	35
剪力墙结构	装配式	65	40
	现浇式	45	30
挡土墙、地下室墙壁等类结构	装配式	40	30
	现浇式	30	20

3. 伸缩缝的构造

伸缩缝的宽度一般为 20 ~ 40mm，通常采用 30mm。

（1）结构构造

在砖混结构中，若伸缩缝设置在墙体处，可采用单墙承重方案，如图 2-148a 所示；也可以采用双墙承重方案，如图 2-148b 所示。

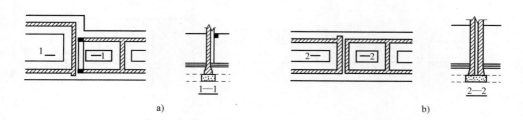

图 2-148   砖混结构伸缩缝的设置

a）单墙承重方案   b）双墙承重方案

在框架结构中，最简单的方法是将楼层的中部断开，也可采用双柱、简支梁和悬挑的办法，如图 2-149 所示。

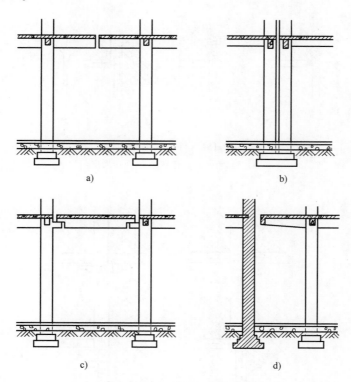

图 2-149   框架结构变形缝的设置

a）中部断开   b）双柱   c）简支梁   d）悬挑

（2）墙体构造

墙体的伸缩缝的断面形式有平缝、错口缝、企口缝，如图 2-150 所示。为防止外界通过伸缩缝对墙体及室内环境的侵蚀，需对伸缩缝进行构造处理，以达到防水、保温、防风等要求。外墙缝内一般用油膏、沥青麻丝和泡沫塑料等防水、有弹性的保温材料填塞，缝口用镀锌薄钢板、彩色钢板等材料作盖缝处理，如图 2-151 所示。内墙用具有装饰性的金属板或木板条盖缝，如图 2-152 所示。所有盖缝板条都必须保证结构在水平方向自由伸缩而不被破坏。

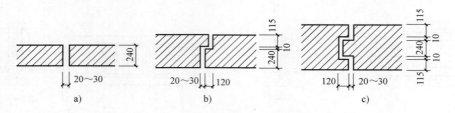

图 2-150　砖墙伸缩缝的截面形式
a）平缝　b）错口缝　c）企口缝

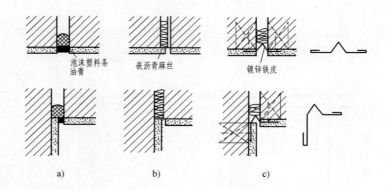

图 2-151　外墙伸缩缝构造
a）油膏　b）沥青麻丝　c）金属皮

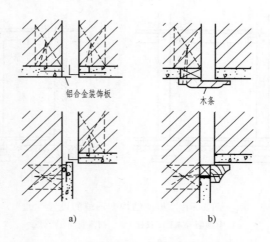

图 2-152　内墙伸缩缝构造
a）塑铝或铝合金装饰板　b）木条

（3）楼地层构造

楼地层的伸缩缝内一般用沥青玛蹄脂、沥青麻丝、金属调节片等，上铺活动盖板或橡皮条等。顶棚处用木板条、金属调节片等作盖缝处理，如图 2-153 所示。

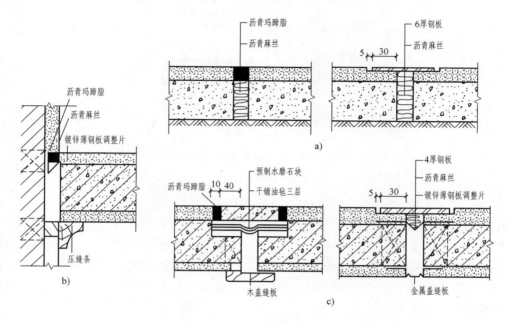

图 2-153 楼地层伸缩缝构造

a）地面伸缩缝构造 b）楼板靠墙处伸缩缝构造 c）楼面、顶棚伸缩缝构造

（4）屋顶构造

屋顶伸缩缝分为伸缩缝两侧屋面等高和不等高两种情况。一般上人平屋面多用防水油膏嵌缝，并注意泛水处理；一般不上人屋面可在伸缩缝两侧加砌矮墙，做好泛水处理，盖缝处保证自由伸缩但不漏水。常见屋面伸缩缝构造如图 2-154、图 2-155 所示。

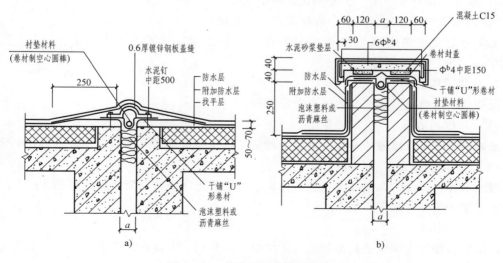

图 2-154 等高屋面伸缩缝构造

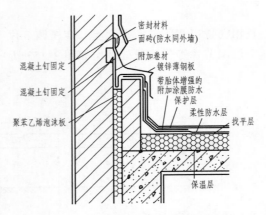

图 2-155 不等高屋面伸缩缝构造

2.8.2 沉降缝

1. 沉降缝的作用

如果同一建筑物存在地质条件不同、各部分的高差和荷载差异较大以及结构形式不同等现象，建筑物就会发生不均匀沉降而产生裂缝，严重时会导致建筑物结构构件破坏。为此，在适当的位置设置缝隙将建筑物分隔成相对独立的单元，使之可以沿竖向自由沉降，以避免不均匀沉降引起的破坏。

2. 沉降缝的设置原则

1) 建筑平面的转折部位。

2) 高度差异或荷载差异较大处。

3) 长度比过大的砌体承重结构或钢筋混凝土框架结构的适当部位。

4) 当建筑物建造在不同的地基上又难以保证均匀沉降时。

5) 当同一建筑物相邻部分的基础形式、宽度和埋置深度相差悬殊时。

6) 原有建筑物和新建、扩建和建筑物毗连处。

7) 当建筑物体型比较复杂，连接部位又比较薄弱时。

沉降缝的宽度随地基情况和房屋的高度不同而定，其宽度 ≥50mm，五层以上不小于120mm。

3. 沉降缝构造

沉降缝从建筑物基础底面到屋顶全部断开。

（1）基础构造

基础的处理有双墙偏心基础、双墙基础交叉排列和悬挑基础等形式，如图 2-156 所示。

（2）墙体构造

覆盖墙体沉降缝的调节片或盖缝板在构造上应满足沉降缝两侧结构在竖直方向上的上下错动而不至于损坏，如图 2-157 所示。

（3）屋顶构造

沉降缝在楼层及屋顶的构造做法与伸缩缝基本相同。屋顶沉降缝应充分考虑不均匀沉降对屋面泛水的影响。

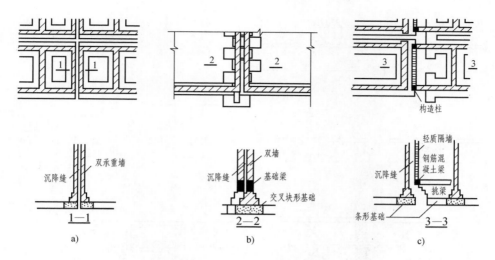

图 2-156　基础沉降缝构造

a）双墙　b）双墙基础交叉排列　c）悬挑基础

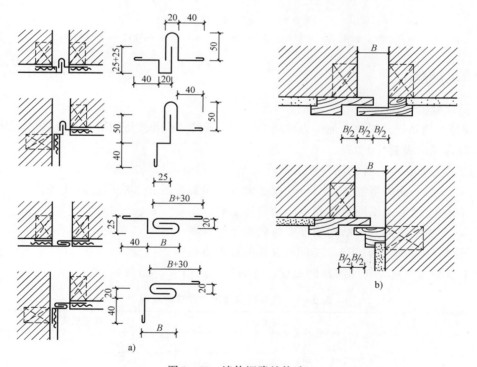

图 2-157　墙体沉降缝构造

a）外墙沉降缝构造　b）内墙沉降缝构造

注：B 为缝宽

（4）地下室构造

地下室沉降缝的处理重点，是做好地下室墙身及底板的防水。一般是在沉降缝处预埋止水带，止水带有橡胶止水带、塑料止水带和金属止水带等，如图 2-158a、b、c 所示。按构造有内埋式和可卸式两种，如图 2-158d、e 所示。

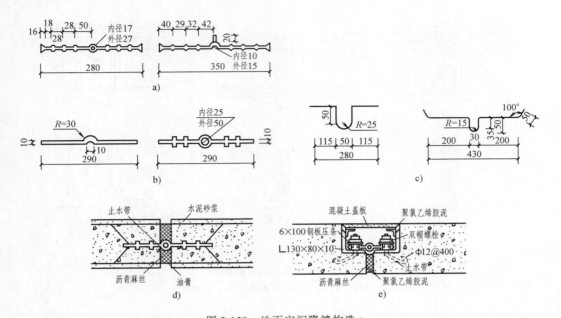

图 2-158　地下室沉降缝构造

a) 塑料止水带　b) 橡胶止水带　c) 金属止水带　d) 内埋式　e) 可卸式

2.8.3　防震缝

1. 防震缝的作用

防震缝是为防止建筑物在地震力作用下震动、摇摆，引起变形裂缝、造成破坏而设置的。

2. 防震缝的设置

在地震设防地区，当建筑物属于下列情况时，均应设置防震缝。

1）建筑物平面体型复杂，凹角长度过大或突出部分较多，应用防震缝将其断开。

2）同一建筑采用不同材料和不同结构体系时。

3）建筑物毗连部分的结构刚度或荷载相差悬殊。

4）建筑物有较大错层，不能采取合理的加强措施时。

防震缝的最小宽度与地震设防烈度、建筑物高度有关，见表2-11。

表 2-11　框架结构房屋防震缝的宽度

建筑物高度/m	地震设防烈度	防震缝宽度/mm
$H \leqslant 15$	6	100
	7	100
	8	100
	9	100
$H > 15$	6	高度每增加5m缝宽增加20mm
	7	高度每增加4m缝宽增加20mm
	8	高度每增加3m缝宽增加20mm
	9	高度每增加2m缝宽增加20mm

3. 防震缝的构造

防震缝应沿建筑物全高设置，一般基础可不断开，但平面复杂或结构需要时也可断开。防震缝一般与伸缩缝、沉降缝协调布置，使一缝多用。

防震缝的构造做法与伸缩缝相同，但由于防震缝的宽度较大，所以应充分考虑盖缝条的牢固性和对变形的适应能力，做好防水和防风处理，如图2-159所示。

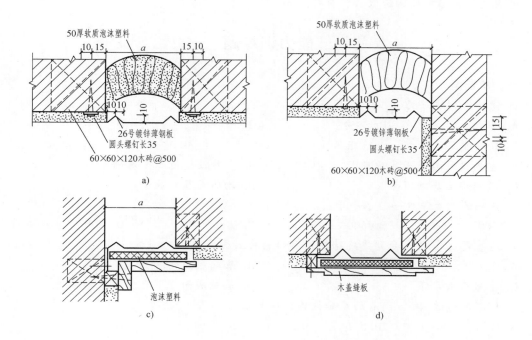

图 2-159　防震缝构造

a) 外墙平缝处　b) 外墙转角处　c) 内墙转角处　d) 内墙平缝处

子单元小结

子　　项	知　识　要　点	能　力　要　点
伸缩缝	伸缩缝是温度变形缝;伸缩缝的设置间距与结构类型、材料、施工方法以及建筑所处环境等因素有关;伸缩缝的构造要求是必须保证建筑构件能在水平方向自由变形	能按照伸缩缝的设置原理处理建筑各部位伸缩缝的构造
沉降缝	沉降缝是为防止因建筑物各部分不均匀沉降引起的破坏而设置的变形缝,沉降缝的构造要求是必须保证建筑构件能在竖向自由变形	能处理建筑各部位沉降缝的构造
防震缝	防震缝是为防止地震作用引起建筑物的破坏而设置的变形缝,防震缝的构造一般只考虑水平地震的作用,它的构造及要求与伸缩缝相似	

思考与拓展题

1. 建筑各组成部分在构造中有哪些缝?
2. 在学校里找一找,有没有建筑采用变形缝,如果有,那么你看到的变形缝属于哪一种?并说明该变形缝的构造做法、材料。

能力训练题

一、单选题

1. 基础承担建筑的(　　)荷载。
A. 少量　　　　　　B. 部分　　　　　　C. 一半　　　　　　D. 全部

2. 基础埋深是指(　　)距离。
A. 室内设计地面至基础底面　　　　　B. 室外设计地面至基础底面
C. 防潮层至基础顶面　　　　　　　　D. 勒脚至基础底面

3. 基础的埋置深度一般不小于(　　)mm。
A. 500　　　　　　B. 600　　　　　　C. 700　　　　　　D. 800

4. 地基是(　　)受到建筑荷载作用影响的土层。
A. 基础底面以上　　　　　　　　　　B. 基础底面处
C. 基础底面以下　　　　　　　　　　D. 基础底面以下直至地球岩芯

5. 埋深不超过(　　)m的基础被称为浅基础。
A. 4　　　　　　　B. 5　　　　　　　C. 6　　　　　　　D. 7

6. 我国目前大力推广(　　)。
A. 木窗　　　　　　B. 钢窗　　　　　　C. 塑钢窗　　　　　D. 铝合金窗

7. 砌体结构塑钢门窗可采用(　　)安装。
A. 湿法　　　　　　B. 塞口　　　　　　C. 埋口　　　　　　D. 干法

8. 中高层住宅阳台的栏杆高度不应小于(　　)m。
A. 1.0　　　　　　B. 0.9　　　　　　C. 1.05　　　　　D. 1.1

9. 低层、多层建筑阳台扶手高度应不小于(　　)mm。
A. 900　　　　　　B. 1000　　　　　C. 1050　　　　　D. 1100

10. 高层建筑阳台扶手高度应不小于(　　)mm。
A. 900　　　　　　B. 1000　　　　　C. 1050　　　　　D. 1100

11. 住宅阳台空花栏杆的竖直杆件间的净距应不大于(　　)mm。
A. 900　　　　　　B. 100　　　　　　C. 110　　　　　　D. 120

12. 阳台金属扶手与栏杆(板)一般以(　　)连接。
A. 砂浆　　　　　　B. 电焊　　　　　　C. 胶水　　　　　　D. 混凝土

13. 现浇钢筋混凝土楼板的经济跨度在(　　)mm之内。
A. 1500　　　　　　B. 2000　　　　　C. 2500　　　　　D. 3000

14. 在框架结构建筑中,填充在柱子之间的墙称为(　　)。

A. 填充墙　　　　　B. 框架墙　　　　　C. 梁承墙　　　　　D. 幕墙

15. 墙体按在建筑中的位置不同，可分为外墙和（　　　）。

A. 顶部墙　　　　　B. 内墙　　　　　C. 下部墙　　　　　D. 中间墙

16. 建筑较长方向的墙叫（　　　）。

A. 横墙　　　　　B. 纵墙　　　　　C. 长向墙　　　　　D. 短向墙

17. 地下室按顶板标高不同分为（　　　）、全地下室。

A. 半地下室　　　　　B. 楼层地下室　　　　　C. 深埋地下室　　　　　D. 浅埋地下室

18. 圈梁纵向钢筋不宜小于（　　　）φ12。

A. 4　　　　　B. 6　　　　　C. 8　　　　　D. 10

19. 在地下水位较高地区，如地下室出现变形缝，在结构施工时，在变形缝处应设置（　　　）。

A. 止水带　　　　　B. 防沉槽　　　　　C. 后浇带　　　　　D. 积水坑

20. 建筑构造柱施工时应做到（　　　）。

A. 后砌墙

B. 先砌墙

C. 墙柱同时施工

D. 墙柱施工顺序由材料供应的可能决定

21. 通常情况下，楼梯由（　　　）、平台、栏杆（板）及扶手组成。

A. 踏步　　　　　B. 踏面　　　　　C. 踢面　　　　　D. 梯段

22. 楼梯每个梯段的踏步数应在（　　　）。

A. 2～16　　　　　B. 3～18　　　　　C. 5～20　　　　　D. 8～20

23. 楼梯平台处最小净高一般为（　　　）m。

A. 1.9　　　　　B. 2.0　　　　　C. 2.1　　　　　D. 2.2

24. 楼梯段净高要求不小于（　　　）m。

A. 1.9　　　　　B. 2.0　　　　　C. 2.1　　　　　D. 2.2

25. 供残疾人轮椅通行的坡道宽度不应小于（　　　）m。

A. 0.6　　　　　B. 0.7　　　　　C. 0.8　　　　　D. 0.9

26. 平屋面排水坡度，结构找坡时不应小于（　　　）%。

A. 0.5　　　　　B. 3　　　　　C. 6　　　　　D. 10

27. 平屋面排水坡度，材料找坡时宜为（　　　）%。

A. 0.5　　　　　B. 2　　　　　C. 5　　　　　D. 6

28. 目前建筑中雨水管一般采用（　　　）。

A. 水泥石棉管　　　　　B. 镀锌薄钢板管　　　　　C. 硬塑料管　　　　　D. 玻璃钢管

29. 屋面刚性防水层的细石混凝土厚度为（　　　）cm。

A. 10　　　　　B. 20　　　　　C. 30　　　　　D. 40

30. 屋面刚性防水层分格缝的间距不宜大于（　　　）m。

A. 6　　　　　B. 7　　　　　C. 8　　　　　D. 9

31. 多层建筑砖砌挑窗台一般向外挑出（　　　）mm。

A. 60　　　　　B. 90　　　　　C. 120　　　　　D. 150

32. 屋面刚性防水层的细石混凝土中需设置（　　　）钢筋网。

A. φ2～φ4　　　　　B. φ4～φ6　　　　　C. φ6～φ8　　　　　D. φ8～φ10

33. 柔性防水屋面的卷材在竖直墙面的铺贴高度不应小于（   ）mm。

A. 100   B. 150   C. 200   D. 250

34. 墙身水平防潮层一般低于室内地坪（   ）mm 处。

A. 60   B. 90   C. 120   D. 150

35. 建筑散水坡度一般为（   ）%。

A. 1 ~ 3   B. 3 ~ 5   C. 5 ~ 7   D. 7 ~ 9

36. 建筑散水出墙宽度一般不小于（   ）mm。

A. 600   B. 900   C. 1200   D. 1500

37. 建筑保温、隔热在本制上就是（   ）改善建筑热工性能。

A. 采取材料和构造措施   B. 采用太阳能

C. 利用空调   D. 利用地热

38. 建筑遮阳板可为分水平遮阳板、竖直遮阳板、（   ）、挡板式遮阳板四种。

A. 花格遮阳板   B. 混合遮阳板   C. 雨篷遮阳板   D. 阳台遮阳板

39. 墙面花岗岩饰面目前较多采用（   ）。

A. 粘贴   B. 湿挂   C. 干挂   D. 焊接

40. 陶瓷地砖楼地面要注要（   ）。

A. 防滑   B. 防水   C. 防火   D. 防潮

二、多选题

1. 条形基础包括（   ）。

A. 防潮层   B. 勒脚   C. 地圈梁   D. 基础

E. 基础墙

2. 按用途不同，建筑可分为（   ）。

A. 民用建筑   B. 低层建筑   C. 工业建筑   D. 砖混建筑

E. 农业建筑

3. 下列属于居住建筑的为（   ）。

A. 旅馆   B. 宾馆   C. 住宅   D. 公寓

E. 宿舍

4. 按层数不同，建筑可分为（   ）。

A. 私有住宅   B. 低层住宅   C. 多层住宅   D. 中高层住宅

E. 高层住宅

5. 按承重结构的材料不同，常见建筑可分为（   ）。

A. 木结构建筑   B. 钢筋混凝土结构建筑   C. 充气结构建筑

D. 钢结构建筑   E. 混合结构建筑

6. 按（   ）不同，常见建筑可分为大型性建筑、大量性建筑。

A. 规模   B. 数量   C. 受力材料   D. 结构形式

E. 使用功能

7. 大量性建筑，指建筑数量多、涉及面广的建筑，如（   ）等。

A. 住宅   B. 医院   C. 机场候机楼   D. 学校

E. 电子工厂

8. 一般建筑由（　　）及门窗等部分组成。
A. 基础　　　　　　B. 墙柱　　　　　　　C. 楼、屋盖　　　　　D. 通气道
E. 楼梯、电梯

9. 基础应具有足够的（　　）。
A. 强度　　　　　　B. 刚度　　　　　　　C. 适应变形能力　　　D. 耐久性
E. 柔度

10. 影响基础埋置深度的主要因素：（　　）、相邻原有建筑物基础的埋置深度。
A. 建筑物的使用要求　　　　B. 基础形式　　　　C. 工程地质和水文地质条件
D. 地基土冻结深度　　　　　E. 建筑的重要性

11. 地下室一般由（　　）、门窗等组成。
A. 底板　　　　　　B. 墙板　　　　　　　C. 顶板　　　　　　　D. 阳台
E. 楼梯、电梯

12. 建筑中墙体的作用为：（　　）。
A. 承受和传递荷载　B. 指示方向　　　　　C. 围护　　　　　　　D. 分隔
E. 保安

13. 按所用材料不同，常见墙体可分为（　　）。
A. 砖墙　　　　　　B. 砌块墙　　　　　　C. 混凝土墙　　　　　D. 钢墙
E. 石墙

14. 块材墙体砌筑时，应做到（　　）。
A. 砂浆饱满　　　　B. 横平竖直　　　　　C. 砖块大小一致　　　D. 内外搭接
E. 竖直灰缝错开

15. 楼盖一般由（　　）等组成。
A. 构造层　　　　　B. 面层　　　　　　　C. 结构层　　　　　　D. 顶棚
E. 附加层

16. 楼板结构层可（　　）。
A. 起构造作用　　　B. 改善使用功能　　　C. 承受和传递楼盖上的全部荷载
D. 维护和增强建筑的整体刚度　　　　　　E. 维护墙体的稳定性

17. 屋盖主要起（　　）作用。
A. 结构　　　　　　B. 防水　　　　　　　C. 围护　　　　　　　D. 美观
E. 保温

18. 建筑变形缝包括（　　）。
A. 伸缩缝（又称温度缝）　　　　　B. 分仓缝　　　　　C. 沉降缝
D. 防震缝　　　　　E. 防变形缝

19. 在多层混合结构房屋中，建筑构造柱要与（　　）作有效的紧密连接。
A. 屋面　　　　　　B. 楼面　　　　　　　C. 圈梁　　　　　　　D. 墙体
E. 地面

20. 按材料分，楼梯可分为（　　）。
A. 钢筋混凝土楼梯　B. 木楼梯　　　　　　C. 钢楼梯　　　　　　D. 板式楼梯
E. 梁式楼梯

21. 按平面形式不同，楼梯可分为（　　）、转角楼梯、弧形楼梯、螺旋楼梯等多种。

A. 单跑直楼梯　　　　B. 双跑直楼梯　　　　C. 三角形楼梯

D. 双跑平行楼梯　　　　E. 三跑楼梯

22. 按开启方向不同，门可分为（　　）、转门等几种。

A. 平开门　　　　B. 固定门　　　　C. 弹簧门　　　　D. 推拉门

E. 折叠门

23. 门主要由（　　）组成。

A. 门槛　　　　B. 门框　　　　C. 亮子　　　　D. 门扇

E. 五金配件

24. 绿色建筑要求在建筑全寿命周期内，最大限度地（　　）与保护环境，同时满足建筑功能。

A. 节能　　　　B. 节电　　　　C. 节地　　　　D. 节水

E. 节材

25. 建筑能耗主要包括（　　）等方面的能耗。

A. 采暖空调　　　　B. 照明　　　　C. 家用电器　　　　D. 建筑用材

E. 施工用电

单元3 建筑施工图识图

建筑施工图是用来表示新建房屋的总体布局、外部造型、内部布置、细部构造和施工要求的一套图纸。

建筑施工图识图的目的是了解新建房屋的建筑外形、平面布置、内部构造等有关内容，正确理解设计意图，按图施工。识图首先应掌握投影原理和熟悉房屋建筑构造及常用图线、图例表达方法，这是识图的前提条件；其次是正确掌握识图的方法和步骤，一般遵循"从下往上、从左往右；由大到小、由粗到细"的读图顺序，这个顺序比较符合读图的习惯，同时也是施工图绘制的先后次序；最后就是需要耐心细致，并联系实践反复练习，不断提高识图能力。

建筑施工图一般包括：建筑总平面图、建筑设计总说明、建筑平面图、建筑立面图、建筑剖面图、建筑详图等。

子单元1 建筑总平面图

知识目标：1. 掌握建筑总平面图的形成及作用。

2. 熟悉建筑总平面图的图示内容和图示要求。

能力目标：1. 能按照制图标准和图示要求，正确绘制简单的建筑总平面图。

2. 能正确识读建筑总平面图，理解设计意图，按图施工。

学习重点：1. 掌握建筑总平面图的图示内容和图示要求。

2. 能正确识读建筑总平面图。

导入案例：××高中教学楼。

3.1.1 建筑总平面图的形成及作用

1. 建筑总平面图的形成

建筑总平面图是在新建房屋所在的建筑场地上空俯视，将场地周边和场地内的地貌和地物向水平投影面进行正投影得到的图样。

地貌是指地表的起伏形态，地物是指房屋、道路、河流、绿化等。

2. 建筑总平面图的作用

建筑总平面图主要表示整个建筑场地的总体布局，具体表达新建房屋以及周围环境（原有建筑、道路、河流、绿化等）的位置、形状等基本情况。

建筑总平面图是新建房屋施工定位、土方施工以及其他专业管线总平面图和施工总平面设计布置的依据。

新建房屋施工定位的方法有两种：一是坐标定位，根据图中标注的主要坐标值进行定位放线；二是相对尺寸定位，以原有建筑物或道路为参照，标注新建房屋与相邻的原有建筑物或道路之间的相对定位尺寸。具体标注方法在后面图示要求里详细介绍。

3.1.2 建筑总平面图的图示内容

建筑总平面图应按上北下南方向绘制。根据场地形状或布局，可向左或右偏转，但不宜超过45°。建筑总平面图中一般包括以下内容：

1）指北针或风玫瑰图，用来表示房屋的朝向和该地区常年的风向频率。

2）用地红线、建筑红线等的位置（主要测量坐标值或定位尺寸）。

用地红线：也称用地范围线，是各类建筑工程项目用地的使用权属范围的边界线。新建建筑、绿化、道路等只能在用地红线内规划布置。

建筑红线：也称建筑控制线，是有关法规或详细规划确定的建筑物、构筑物的基底位置不得超出的界线。建筑红线一般从用地红线向内退进，退线距离根据具体要求确定。原则上，建筑上部离开地面后如有出挑部分，该部分可以允许超出建筑红线，具体情况需根据当地规划要求来定。

3）主要建筑物和构筑物的平面布局，注明名称、层数、定位坐标值或定位尺寸。

4）道路交通及绿化系统（含出入口、小品、绿地等）的平面布局，其中道路、停车场、广场等注明定位坐标值或定位尺寸。

5）新建房屋首层室内地面、室外地面的绝对标高。

6）图名、图示尺寸单位、比例等。

7）主要技术经济指标：用地面积、建筑总面积、建筑基底面积、绿地面积、道路面积、容积率、建筑密度、绿地率等。

用地面积：用地范围内的土地面积。

建筑总面积：用地范围内建筑物各层建筑面积之总和。地面以上及以下可分列。

建筑基底面积：建筑物接触地面的自然层建筑外墙或结构外围水平投影面积。建筑基底面积既不是基础外轮廓范围内的面积，也不等同于底层建筑面积，不包括雨篷、外挑阳台、无永久性顶盖的架空走廊和室外楼梯等。

容积率：建筑总面积与用地面积的比值。容积率的大小反映了土地利用率的高低。一般在计算容积率时，建筑总面积只计算地上面积部分，地下面积不予考虑。

建筑密度：建筑基底面积占用地面积的比例（%）。适当提高建筑密度，可以节约用地，但应保证其使用功能和日照、通风、防火、交通安全等基本需要。

绿地率：绿地面积占用地面积的比例（%）。

3.1.3 建筑总平面图的图示要求

1. 比例

建筑总平面图所要表示的地区范围较大，因此绘制时常用1:500、1:1000、1:2000等小比例。在具体工程中，由于国土局及有关单位提供的地形图比例常为1:500，故建筑总平面图的常用绘图比例是1:500。

2. 图线

建筑总平面图应按照《总图制图标准》（GB/T 50103—2001）的图线要求绘制，我们在"单元1的子单元2建筑制图知识"中已经详细讲述，这里不再重复。

3. 图例

由于建筑总平面图绘制采用小比例，如实反映地物存在困难，因此总图中的新建房屋、原有房屋、道路、绿化、围墙等均按照《总图制图标准》中的图例表示，我们在前面"单元1的子单元2建筑制图知识"中已经详细讲述，这里不再重复。另外，也可根据实际情况采用一些《总图制图标准》没有规定的图例，但必须在图中加以说明。

4. 标注

建筑总平面图中应标注两方面的内容：坐标或定位尺寸、标高。

（1）坐标或定位尺寸

前面我们已经提到，新建房屋的定位方法有两种：坐标定位和相对尺寸定位。

坐标定位的坐标又分为测量坐标和建筑坐标两种，可以任选一种，也可二者都标注。测量坐标是根据我国的大地坐标系统上的数值标注，建筑坐标则是以建筑场地某一点为原点建立的坐标网的数值标注。测量坐标网用100m×100m或50m×50m间距的交叉十字线画成，以细实线绘制，坐标代号一般用"X、Y"表示；建筑坐标网以100m×100m或50m×50m间距的网格通长线画成，也以细实线绘制，坐标代号一般用"A、B"表示。坐标值为负数时，前面应注"−"号，为正数时，"+"号可省略。

建筑物的标注部位可选择定位轴线或外墙面。一般建筑物的坐标定位宜标注三个角点的坐标值，但如建筑物与坐标轴平行，可标注对角两个点的坐标值。

相对尺寸定位是以建筑场地的原有建筑物为参照，标注新建房屋与相邻的原有建筑物间的定位尺寸。当建筑总平面图中主要建筑物采用坐标定位时，次要建筑物也可用相对尺寸定位。

（2）标高

建筑总平面图应标注建筑物室内地坪、室外地坪等有关部位的标高。建筑总平面图中标注的标高一般为绝对标高，如标注相对标高，则应注明相对标高与绝对标高的换算关系。

建筑总平面图中的坐标、标高、定位尺寸宜以米为单位，并应至少取至小数点后两位，不足时以"0"补齐。

3.1.4　建筑总平面图识图示例

建筑总平面图主要表示整个建筑场地的总体布局，建筑总平面图的识读应按照由大到小，由粗到细的方法，先大致了解本工程的用地规模，再逐步深化，详细了解新建房屋以及周围环境（原有建筑、道路、河流、绿化等）的位置、形状等情况。

我们以××高中教学楼的建筑总平面图（见图3-1）为例进行识图介绍。

1）看图名、比例、图示图例、指北针或风玫瑰图，明确基本绘制情况：本工程中绘图比例为1:500，按上北下南方向绘制，采用规范图例表达，没有附加图例。

2）看主要技术经济指标，了解用地规模、工程规模、建筑总面积、单体面积等。

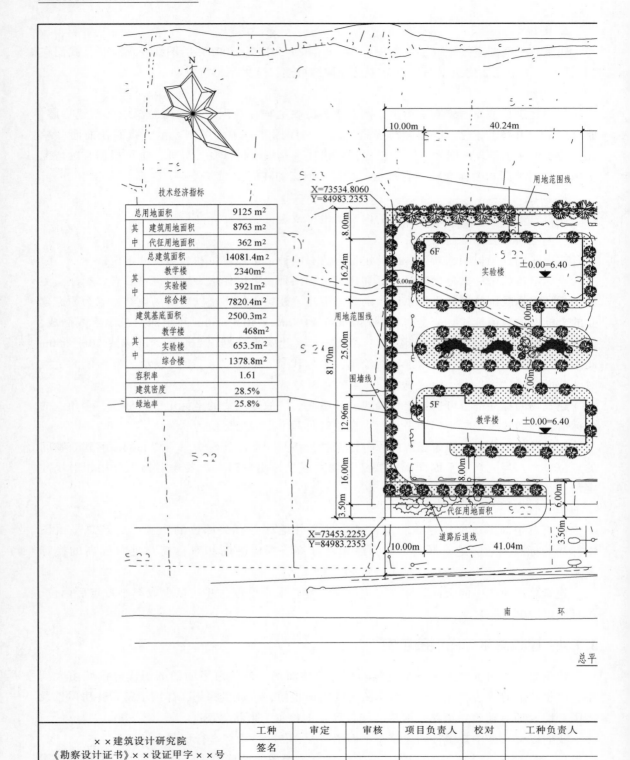

技术经济指标		
总用地面积		9125 m²
其中	建筑用地面积	8763 m²
	代征用地面积	362 m²
总建筑面积		14081.4m²
其中	教学楼	2340m²
	实验楼	3921m²
	综合楼	7820.4m²
建筑基底面积		2500.3m²
其中	教学楼	468m²
	实验楼	653.5m²
	综合楼	1378.8m²
容积率		1.61
建筑密度		28.5%
绿地率		25.8%

××建筑设计研究院 《勘察设计证书》××设证甲字××号	工种	审定	审核	项目负责人	校对	工种负责人
	签名					
	日期					

图 3-1 建筑

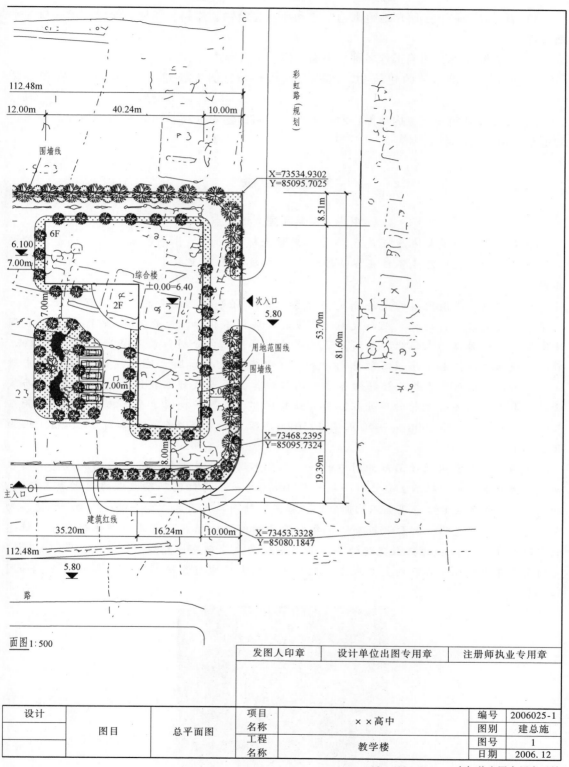

112.48m

12.00m　40.24m　10.00m

围墙线

彩虹路（规划）

X=73534.9302
Y=85095.7025

8.51m

6F

6.100

7.00m

综合楼
±0.00=6.40

次入口
5.80

2F

7.00m

用地范围线

围墙线

7.00m

53.70m

81.60m

5.00m

X=73468.2395
Y=85095.7324

8.00m

19.39m

主入口

建筑红线

35.20m　16.24m　10.00m

X=73453.3328
Y=85080.1847

112.48m

5.80

路

面图1:500

发图人印章	设计单位出图专用章	注册师执业专用章

设计	图目	总平面图	项目名称	××高中	编号	2006025-1
					图别	建总施
			工程名称	教学楼	图号	1
					日期	2006.12

A2：420×594　　未加盖出图专用章无效

总平面图

3）看总体布局，了解用地范围内新建和原有建筑物、道路、场地、绿化、出入口等平面布置情况。

4）看新建工程，明确工程名称、平面规模、层数等。

5）看新建工程相邻的建筑物、道路等周边环境，明确新建工程的具体位置和定位尺寸。

6）看新建建筑一层室内地面、室外地坪、道路的绝对标高，明确室内外地面高差，了解道路控制标高和坡度。

知 识 链 接

中华人民共和国大地原点

中华人民共和国大地原点是我国大地测量坐标系统的起算点和基准点，也是中华神州的地理中心。大地原点不但在各项建设和科学技术上有重要影响，而且象征着国家的尊严。

建国初期，我国使用的大地测量坐标系统是从前苏联测过来的，其坐标原点是前苏联玻尔可夫天文台，这种状况与我国的建设和发展极不相称。为此20世纪70年代，我国决定建立自己独立的大地坐标系统。通过实地考察、综合分析，最后将我国的大地原点，确定在咸阳市泾阳县永乐镇石际寺村境内。《中华人民共和国大地原点选点报告》中所述："为了使大地测量成果数据向各方面均匀推算，原点最好在我国大陆的中部。"而陕西泾阳县永乐镇石际寺村的确处在我国大陆的中部。这里距我国边界正北为880km，距东北2500km，距正东1000km，距正南1750km，距西南2250km，距正西2930km，距西北2500km。

陕西省泾阳县永乐镇石际寺村中的一座八角形塔楼就是中华人民共和国大地原点所在地。塔楼地下室中心标石上嵌装有一块直径10cm的一个用红色玛瑙做成的圆形原点标点。标点标石系用整块的红色玛瑙石切面制成，标石的外圈为一圆盘，有一粗一细勒金线边。勒金线圈内为文字说明，上面镌刻着"中华人民共和国大地原点"这几个隶体勒金字。标志的中部有直径约2cm的微微突起的半球面，半球面上镌刻有一精密"十"字。这个"十"字的交点即中华人民共和国大地原点，也就是我国大地坐标系统的起算点和基准点，如图3-2所示。

图3-2 大地原点照片

子单元小结

子项	知 识 要 点	能 力 要 点
建筑总平面图形成及作用	1. 建筑总平面图的形成 2. 建筑总平面图的作用	
建筑总平面图内容	1. 建筑总平面图中绘制的主要内容：指北针、用地红线、建筑红线、主要建筑物和构筑物的平面布局、道路及绿化、室内外地面绝对标高等 2. 主要技术经济指标：用地面积、建筑总面积、建筑基底面积、容积率、建筑密度等	能正确识读建筑总平面的图示内容，理解设计意图，按图施工
建筑总平面图要求	1. 建筑总平面图的常用绘制比例 2. 建筑总平面图的图线制图标准 3. 建筑总平面图的标准图例 4. 建筑总平面图中定位坐标（或定位尺寸）和标高的标注方式	能按照制图标准和图示要求，正确绘制简单的建筑总平面图

思考与拓展题

1. 除了建筑总平面图，你知道还有哪些总平面图？作用分别是什么？
2. 了解施工现场布置总平面图的图示内容。

子单元 2 建筑设计总说明

知识目标：1. 掌握建筑设计总说明的形成及作用。
　　　　　2. 熟悉建筑设计总说明的图示内容。
能力目标：1. 能编制简单的建筑设计总说明。
　　　　　2. 能正确识读建筑设计总说明，理解设计意图，按图施工。
学习重点：1. 掌握建筑设计总说明的图示内容。
　　　　　2. 能正确识读建筑设计总说明。
导入案例：××高中教学楼。

3.2.1　建筑设计总说明的形成及作用

1. 建筑设计总说明的形成

建筑设计总说明是用文字的形式来表达图样中无法表达清楚且带有全局性的内容，主要包含设计依据、工程概况、建筑构造做法等。

2. 建筑设计总说明的作用

建筑设计总说明反映工程的总体施工要求，对施工过程具有控制和指导作用，同时也为施工人员了解设计意图提供依据。

3.2.2　建筑设计总说明的内容

建筑设计总说明中一般包含以下内容：

1）设计依据：本工程施工图设计的依据性文件、批文和相关规范。

2）工程概况：一般应包括建筑名称、建设地点、建设单位、建筑面积、建筑工程等级、设计使用年限、建筑层数和建筑高度、防火设计建筑分类和耐火等级、人防工程防护等级、屋面防水等级、地下室防水等级、抗震设防烈度等。

3）设计标高：本工程的相对标高与绝对标高的关系。

4）建筑构造做法：一般包括室内外装修做法或用料说明。

① 室外部分：墙身防潮层、地下室防水、勒脚、散水、台阶、坡道、外墙面、屋面、油漆等的做法或用料，可用文字说明或部分文字说明，部分直接在图上引注或加注索引号。

② 室内部分：楼地面、踢脚板、墙裙、内墙面、顶棚等装修做法，除用文字说明外亦可用表格形式表达。

5）门窗表：门窗尺寸、性能（防火、隔声、保温等）、用料、颜色，玻璃、五金件等的设计要求。

6）幕墙工程（包括玻璃、金属、石材等）及特殊的屋面工程（包括金属、玻璃、膜结构等）的性能及制作要求，预埋件安装图，防火、安全、隔声构造。

7）电梯（自动扶梯）选择及性能说明（功能、载重量、速度、停站数、提升高度等）。

8）人防工程：人防工程所在部位、防护等级、平战用途、防护面积、室内外出入口及排风口的布置。

9）其他需要说明的问题，例如对采用新技术、新材料的做法说明及对特殊建筑造型的说明。

3.2.3   建筑设计总说明示例

建筑设计总说明是用文字的形式来表达带有全局性的内容，反映工程的总体施工要求。建筑设计总说明的识读没有捷径可走，必须逐行逐句阅读，了解总说明中表达的内容，同时分清主次，重点熟悉有关工程概况、设计标高、建筑构造做法等要求。

我们以××高中教学楼的建筑设计总说明（见图3-3，图3-4，图3-5）为例进行识图介绍。

1）了解施工图设计的依据性文件、批文和相关规范。

2）看工程概况，了解工程名称、建设地点、建筑面积、层数等。

3）看设计标高，明确本工程的相对标高与绝对标高的关系，并与建筑总平面图对照。本工程相对标高±0.00相当于绝对标高6.40。

4）看建筑构造做法，详细了解室内外装修做法。

5）看门窗表：门窗尺寸、性能（防火、隔声、保温等）、用料、颜色，玻璃、五金件等的设计要求。

6）看其他特别说明的问题，例如对采用新技术、新材料的做法说明及对特殊建筑造型的说明。

知 识 链 接

1. 建筑层数

建筑层数计算时，建筑的地下室、半地下室的顶板面高出室外设计地面的高度小于或等于1.5m者，建筑底部设置的高度不超过2.2m的自行车库、储藏室、敞开空间，以及建筑屋顶上突出的局部设备用房、出屋面的楼梯间等，可不计入建筑层数内。住宅顶部为2层一套的跃层，可按1层计，其他部位的跃层以及顶部多于2层一套的跃层，应计入层数。

2. 架空层、设备层、避难层

仅有结构支撑而无外围护结构的开敞空间层称为架空层。建筑物中专为设置暖通、空调、给水排水和配变电等的设备和管道且供人员进入操作用的空间层称为设备层。建筑高度超过100m的高层建筑，为消防安全专门设置的供人们疏散避难的楼层称为避难层。

3. 建筑幕墙

由金属构架与板材组成的，不承担主体结构荷载与作用的建筑外围护结构。

4. 腻子

腻子作为乳胶漆（内墙涂料）的最佳拍档，在我国（以及亚洲一些其他国家）广泛应用。当墙面达不到直接涂刷乳胶漆的要求时，经常会选用腻子。

腻子是平整墙体表面的厚浆状找平材料，用以清除被涂物表面上高低不平的缺陷。建筑腻子按照部位可分为内墙及外墙腻子两类，按照性能主要分为掺胶腻子、821腻子、耐水腻子三类。

1）掺胶腻子（俗称大白）：以大白粉、滑石粉类为主料，添加化学胶、纤维素调配而成。南方地区多用滑石粉或者腻子粉（俗称老粉）、白水泥、熟胶粉等调配。属于不耐水的内墙腻子，特点是便宜好施工。

建筑设

一、设计依据	
1	建设单位提供的有关本项目的要求。
2	本工程根据国家颁布的有关现行规范、规程及省、市有关标准、规定进行设计。
3	××市××区规划管理处关于本地块规划设计条件通知书及相关红线图。
4	××市××区建设局审核通过的本项目规划设计方案。
二、工程概况	
1	本工程各单体在用地范围内的位置见总平面图。±0.00相应的黄海标高为6.40m。
2	本工程各项技术经济指标详见总平面图。
3	本工程为框架结构,建筑高度(室外地面至屋面)为18.3m,总建筑面积为2338.5m²,占地面积为467.7m²。
4	本工程的耐火等级为一级;屋面防水等级为Ⅲ级;耐久年限为10年;工程设计合理使用年限为50年。
5	抗震设防烈度为六度。有关抗震构造要求见结施图。
三、综合说明	
1	本工程设计图纸所注尺寸总平面以米为单位,建施图尺寸以毫米为单位,标高以米为单位。
2	厕所等积水地面低于走廊楼地面30mm;走廊、室外台阶低于相应楼地面30mm。
3	本图纸中细部节点以详图为准,比例与尺寸以尺寸为准。
4	本设计所采用的材料规格、施工要求等除注明者外,其余均按现行建筑安装工程施工及验收规范执行。
5	本工程各工种图纸应相互配合施工,如发现矛盾应及时与设计人员联系解决。
6	土建施工中水、暖、电等预留管线和预埋铁件等必须事先预埋,同步进行。各设备专业的预留洞未经设计单位许可,不得事后凿洞,以确保工程质量。
7	室内竖向管道安装完成后与楼板间的缝隙必须用建筑密封胶封严密。
四、统一措施	
1	屋　面:A.图上所示屋面标高(除注明外)系指结构屋面标高。 B.凡保温屋面,在基层与保温层间涂刷一层冷底子油,形成完整薄膜隔汽层。
2	楼地面:A.门垛尺寸除注明外均为120。凡开间中开设的门或洞口在平面图中不再注明定位尺寸。 B.凡有积水楼地面,如卫生间等均应向地漏找坡0.5%。
3	墙　体:A.墙面和门洞的阳角一律用1:2水泥砂浆粉刷做护角线,高度为1800。 B.门窗洞口靠柱边的墙垛尺寸小于240者均用C20素混凝土整体浇捣成型。 C.卫生间四周墙脚均做200高素混凝土翻边(与梁板整体浇捣),遇门处断开。 D.墙体除注明者外余均为240厚,轴线居中。 E.墙体须在-0.06m处做防潮层,做法为20厚1:2水泥砂浆掺5%防水剂。 F.本工程外墙装饰线脚(除预制构件外)均应与主体外墙一次浇捣成型。

××建筑设计研究院 《勘察设计证书》××设证甲字××号	工种	审定	审核	项目负责人	校对	工种负责人
	签名					
	日期					

图3-3　建筑设

计总说明

4	粉刷:A. 凡混凝土表面抹灰粉刷时,均需洒1:0.5水泥砂浆内掺粘结剂处理后再抹面。
	B. 外墙窗侧面、女儿墙顶面均应同墙面同质,窗顶、檐口、雨篷等挑出墙面部分均应做滴水线(成品塑料嵌条)。
5	排水:A. 屋面雨水管均为φ110UPVC硬塑管(与外墙同色),雨篷泄水管均为φ50UPVC硬塑管,外伸100。
	B. 屋面雨水口加球形铸铁罩,卫生间平面布置详见给排水施工。
6	门窗:A. 门窗洞口尺寸及分格详见建施图,制作时以实际尺寸为准。安装位置除注明者外,一般木门和防火门与开启方向墙面平,铝合金门窗均居墙中。门窗装修五金零件,均应按预算定额配齐。每个门洞地面设240宽中国黑门槛板。
	B. 铝合金窗玻璃为6mm中透光Low-E+12mm空气+6mm透明,窗框为隔热金属型材,做法参见《建筑节能门窗(一)》(06J607-1)。
	C. 门窗制造安装应由有资质的厂家根据设计要求进行计算设计,并加设拼樘料(受力杆件),由承担制作的厂家经设计院确认后,方可施工。
	D. 外窗的等级标注要求:
	1)气密性等级不低于国家现行标准《建筑外窗气密性能分级及其检测方法》(GB/T 7107—2002)规定的4级标准。
	2)水密性等级不低于国家现行标准《建筑外窗水密性能分级及其检测方法》(GB/T 7108—2002)规定的3级标准。
	3)抗风压性能等级不低于国家现行标准《建筑外窗抗风压性能分级及其检测方法》(GB/T 7106—2002)规定的3级标准。
	E. 窗台板:所有室内窗台、走廊外窗台均采用1:2水泥砂浆粉刷,面层为中国黑花岗岩窗台板,磨双边圆角;所有外窗台做法同外墙。
	做法:花岗岩长度为窗台宽度加外挑(每边外挑40),宽度挑出墙面30,花岗岩需做整块。
7	油漆:A. 硬木扶手为本色亚光漆一底二度,锻铁栏杆做防锈漆二道、黑油漆二度,花饰栏杆由装修另定。
	B. 凡露明铁件均应漆红丹防锈漆二度底,铁件涂与墙同色调和漆,钢门涂深绿色调和漆。
	C. 凡与砖(混凝土)接触的木材表面均刷二道防腐漆。
	D. 外墙水落管面色同各楼墙体色彩。
8	装修要求:本工程外装修采用的材料及色彩应先做样板,经设计、建设、施工三方共同协商确定后方可施工。
9	甲方自理:楼地面、内墙面、吊顶、二次分隔墙、等内装修均由甲方自理,但必须满足结构要求。
10	环境设计:本工程室外绿化环境由甲方委托进行专项环境设计。
11	说明未尽之外,必须严格按照国家有关规定及规范施工。

设计		图目	建筑施工图设计说明(一)	项目名称	××高中	编号	2006025-1
						图别	建施
				工程名称	教学楼	图号	1
						日期	2006.12

A2:420×594　　未加盖出图专用章无效

计总说明

构造做法表

分类	编号	名称	工程做法	使用部位
屋面做法 (由上而下)	屋1	下上人 保温屋面	4 厚高分子防水卷材 20 厚 1:3 水泥砂浆找平层 100 厚憎水性膨胀珍珠岩板保温层 憎水性膨胀珍珠岩碎料 2% 找坡,最薄处 60 厚 现浇钢筋混凝土板	用于不上人平屋面
	屋2	保温檐沟	4 厚高分子防水卷材(带铝箔) 20 厚(最薄外)1:2 水泥砂浆(掺 5% 防水剂)找平兼找纵坡 1% 30 厚挤塑聚苯板 15 厚 1:3 水泥砂浆找平 现浇钢筋混凝土层板	用于檐沟
楼面做法 (由上而下)	楼1	水磨石楼面	18 厚彩色水磨石面层,800×800 分格,嵌 4 厚工字铜条 20 厚 1:3 干硬性水泥砂浆结合层 素水泥浆结合层一道 现浇钢筋混凝土楼板	教室、走廊
	楼2	花岗岩楼面	20 厚石材面层(素水泥浆擦缝) 20 厚 1:3 干硬性水泥砂浆 素水泥浆结合层一道 现浇钢筋混凝土楼板	楼梯间楼面
	楼3	防滑地砖楼面 (抛光砖)	20 厚石材面层(素水泥浆擦缝) 3 厚水泥胶结合层,防水涂料两道,厚 2 20 厚 1:3 干硬性水泥砂浆 素水泥浆结合层一道 现浇钢筋混凝土楼板	卫生间 300×300
地面做法 (由上而下)	地1	水磨石地面	18 厚彩色水磨石面层,800×800 分格,嵌 4 厚工字铜条 20 厚 1:3 干硬性水泥砂浆结合层 100 厚 C15 混凝土垫层 150 厚碎石压实 素土夯实	教室、走廊
	地2	花岗岩地面	20 厚石材面层(素水泥浆擦缝) 20 厚 1:3 干硬性水泥砂浆结合层 素水泥浆结合层一道 30 厚 C25 细石混凝土找平层 70 厚 C15 混凝土垫层 150 厚碎石压实 素土夯实	楼梯间地面
	地3	防滑地砖地面	10 厚防滑地砖面层(素水泥浆擦缝) 3 厚水泥胶结合层,防水涂料两道,厚 2 20 厚 1:3 干硬性水泥砂浆结合层 素水泥浆结合层一道 30 厚 C25 细石混凝土找平层 70 厚 C15 混凝土垫层 150 厚碎石压实 素土夯实	卫生间 300×300

××建筑设计研究院 《勘察设计证书》××设证甲字××号	工种	审定	审核	项目负责人	校对	工种负责人
	签名					
	日期					

图 3-4 构造

分类	编号	名称	工程做法	使用部位
顶棚装修做法（由上而下）	棚1	乳胶漆粉刷	钢筋混凝土梁板底刷素水泥浆一道 白水泥(加老粉)掺803建筑胶水抹平 喷白色乳胶漆一底二面	用于除卫生间外的所有房间
	棚2	PVC扣板天棚	大龙骨中距1000 中小龙骨中距600 覆面板为高分子PVC扣板(3厚)	卫生间距楼面3m高
内墙面做法（由内至外）	内1	乳胶漆墙面	12厚1:1:4水泥石灰砂浆分层抹平 8厚1:0.3:3水泥石灰砂浆罩面抹光 白色内墙乳胶漆一底二度	其他
	内2	面砖贴面	12厚1:3水泥砂浆打底压实抹平 8厚1:2水泥砂浆粉面刮糙 330×450瓷砖贴面	卫生间高至扣板天棚
外墙面做法（由外至内）	外墙1	面砖墙面（保温）	彩色外墙面砖，颜色见立面 8厚1:2水泥砂浆(加杜拉纤维)结合层 12厚1:3水泥砂浆打底(带电焊网，与钢丝网架双向绑扎) 30厚挤塑聚苯板(带单面钢丝网架) 20厚1:3水泥砂浆 蒸压灰砂砖/钢筋混凝土(混凝土面刷界面剂JCTA-400)	其他
	外墙2	金属漆墙面（保温）	水刷带出小麻面，喷高级金属漆 8厚1:2.5水泥砂浆粉面压实抹光 12厚1:3水泥砂浆打底 30厚挤塑聚苯板(带单面钢丝网架) 20厚1:3水泥砂浆 蒸压灰砂砖/钢筋混凝土(混凝土面刷界面剂JCTA-400)	用于外墙装饰色块
	外墙3	乳胶漆墙面（保温）	白色外墙乳胶漆一底二度 8厚1:2.5水泥砂浆粉面压实抹光 12厚1:3水泥砂浆打底 30厚挤塑聚苯板(带单面钢丝网架) 20厚1:3水泥砂浆 蒸压灰砂砖/钢筋混凝土(混凝土面刷界面剂JCTA-400)	教室、卫生间、楼梯间靠走廊侧
踢脚做法（由内至外）	踢1	缸砖踢脚（不保温）	10厚1:3水泥砂浆底 10厚1:2水泥砂浆结合层 150高缸砖踢脚板	其他
	踢2	缸砖踢脚（保温）	20厚1:3水泥砂浆 30厚挤塑聚苯板(带单面钢丝网架) 12厚1:3水泥砂浆打底(带电焊网，与钢丝网架双向绑扎) 8厚1:2水泥砂浆(加杜拉纤维)结合层 150高缸砖踢脚板	教室、卫生间、楼梯间靠走廊侧
墙裙做法（由内至外）	裙1	瓷砖墙裙（保温）	20厚1:3水泥砂浆 30厚挤塑聚苯板(带单面钢丝网架) 12厚1:3水泥砂浆打底(带电焊网，与钢丝网架双向绑扎) 8厚1:2水泥砂浆(加杜拉纤维)结合层 白色瓷砖墙裙(450×300)	教室、卫生间靠走廊侧(瓷砖贴到900高，不含踢脚)

设计		图目	建筑施工图设计说明(二)	项目名称	××高中	编号	2006025-1
						图别	建施
				工程名称	教学楼	图号	2
						日期	2006.12

A2：420×594　　未加盖出图专用章无效

做法表

建筑节能设计总说明

一、设计依据

1.《公共建筑节能设计标准》GB 50189—2005。

2.《民用建筑热工设计规范》GB 50176—1993。

二、节能技术措施(具体详见节能设计表)

三、门窗节能、外窗及阳台门的气密性等级,应不低于现行国家标准《建筑外窗气密性能分级及其检测方法》GB 7017—2002规定的4级。

四、透明幕墙的气密性等级,应不低于现行国家标准《建筑幕墙物理性能分级》GB/T 15225规定的3级。

五、围护结构中节点的保温构造做法参见2005XXJ45图集。

公共建筑节能设计表

工程名称:××高中教学楼　　结构类型:框架结构　　层数:5层　　建筑面积:2338.5m²　　体型系数:0.46

围护结构部位		传热系数 K/ $[W/(m^2 \cdot K)]$		节能做法的(平均)传热系数 K/ $[W/(m^2 \cdot K)]$	备注
屋面		≤0.7		0.49	满足
外墙(包括非透明幕墙)		≤1.0		0.96	满足
外窗(包括透明幕墙)		传热系数 K/ $[W/(m^2 \cdot K)]$	遮阳系数 SC (东、西、南、北)		
单一朝向外窗(包括透明幕墙)	窗墙面积比≤0.2				
	0.2<窗墙面积比≤0.3	≤3.5	南(0.23)	2.60	满足
	0.3<窗墙面积比≤0.4	≤3.0	北(0.50)	2.60	满足
	0.4<窗墙面积比≤0.5				
	0.5<窗墙面积比≤0.7				
地面热阻		限值 R≥1.2		设计地面热阻 R=1.23	满足
地下室外墙热阻(与土壤接触的墙)		限值 R≥1.2			

××建筑设计研究院 《勘察设计证书》××设证甲字××号	工种	审定	审核	项目负责人	校对	工种负责人
	签名					
	日期					

图 3-5　建筑节能

门　窗　表

种类	门窗编号	洞口尺寸/mm 宽度×高度	数量						采用图集	附　注
			一层	二层	三层	四层	五层	合计		
窗	C3222	3200×2200	6	6	6	6	6	30	参06J607-1	隔热金属型材窗框 K≤5.8[W/(cm²·K)] 6mm中透光 Low-E +12mm空气+6mm透明 中空玻璃
	C2422	2400×2200	6	6	6	6	6	30		
	C2115	2100×1500	2	2	2	2	2	10		
	C2722	2700×2200	1	1	1	1		4		
	C4622	4600×2200	1	1	1	1		4		
	C4022	4000×2200	1	1	1	1		4		
	C0622	660×2200		2	2	2	2	8		
门	M0921	900×2100	2	2	2	2	2	12	参2002XXJ46	镶板门
	M1027	1000×2700	6	6	6	6	6	30	见详图	定制

设计		图目	建筑施工图 设计说明（三）	项目 名称	××高中	编号	2006025-1
						图别	建施
				工程 名称	教学楼	图号	3
						日期	2006.12

A2：420×594　　未加盖出图专用章无效

设计总说明

2）821腻子：1982年1月北京建筑材料研究院研制的墙体抹灰找平材料。最初以建筑石膏为主要原料，具备一定耐水性，但后来为改善经济性及施工性逐渐减少石膏等原料的使用，耐水性较差。

3）耐水腻子：是前两种产品的更新换代产品，粘结强度高，耐水性能优良，无粉化开裂脱落等现象。

子单元小结

子项	知识要点	能力要点
建筑设计总说明形成及作用	1. 建筑设计总说明的形成 2. 建筑设计总说明的作用	
建筑设计总说明图示内容	建筑设计总说明中的主要内容：设计依据、工程概况、建筑构造做法、门窗表等	能正确识读建筑总说明，理解设计意图，按图施工

思考与拓展题

1. 本工程中楼面做法中采用的干硬性水泥砂浆结合层，请问什么叫干硬性水泥砂浆，一般应用在什么地方？
2. 请了解当地常用的节能材料，并按照部位归纳整理。
3. 请观察学校机房的楼面装修做法，绘制抗静电地板的楼面做法详图。

子单元3 建筑平面图

知识目标：1. 掌握建筑平面图的形成及作用。

2. 熟悉建筑平面图的图示内容和图示要求。

能力目标：1. 能编制简单的建筑平面图。

2. 能正确识读建筑平面图，理解设计意图，按图施工。

学习重点：1. 掌握建筑平面图的图示内容和图示要求。

2. 能正确识读建筑平面图。

导入案例：××高中教学楼。

3.3.1 建筑平面图的形成及作用

1. 建筑平面图的形成

假想用一个水平面在窗台上方将建筑物剖开，移去上部以后，将剖切面以下部分向水平投影面进行正投影得到的图形，称为建筑平面图，简称平面图。

建筑物应每层剖切，得到的平面图以所在楼层命名，分别称为一层平面图、二层平面图、三层平面图等。当某些楼层平面布置相同时，可以只画一个平面图，称为标准层平面图。屋顶平面图是在建筑物的上空俯视，将建筑物顶部向水平投影面进行正投影得到的图形。

可以看出，除了屋顶平面图是真正意义上的平面图，其他建筑平面图实际上属于剖面图。

2. 建筑平面图的作用

建筑平面图主要表示房屋的平面布置情况，应包括被剖切到的墙、柱、门窗等构件断面、可见的建筑构造及必要的尺寸、标高等。

屋顶平面图主要表示屋顶的形状、屋面排水组织及屋面上各构配件的布置情况。

在施工过程中，建筑平面图是进行放线、砌墙、安装门窗等工作的依据。

3.3.2 建筑平面图的图示内容

1）墙、柱及其定位轴线和轴线编号，门窗位置、编号，门的开启方向，注明房间名称或编号。

2）三道标注尺寸：轴线总尺寸（或外包总尺寸）；轴线间尺寸（房屋开间和进深）；墙、柱、门窗洞口尺寸及其与轴线关系尺寸。

3）楼梯、电梯位置和楼梯上下方向示意及编号索引。

4）主要建筑设备和固定家具的位置及相关做法索引，例如卫生器具，雨水管、水池、台、橱、柜、隔断等。

5）主要建筑构造部件的位置、尺寸和做法索引，例如阳台、雨篷、台阶、坡道、散水、中庭、天窗、地沟、上人孔等。

6）楼地面预留孔洞和通气管道、管线竖井等位置、尺寸和做法索引，以及墙体预留洞的位置、尺寸与标高或高度等。

7）变形缝位置、尺寸及做法索引。

8）室外地面标高、一层地面标高、各楼层面标高、地下室各层标高等。

9）指北针、剖切线位置及编号（画在一层平面图上）。

10）屋顶平面应有女儿墙、檐沟、坡度、坡向、雨水口、屋脊（分水线）、变形缝、屋面上人孔及突出屋面的楼梯间、电梯间，及其他构筑物。

3.3.3　建筑平面图的图示要求

1. 比例

常用比例是 1:100，1:200，1:50 等，必要时可用比例是 1:150，1:300 等。

2. 定位轴线

定位轴线是施工定位放线的重要依据，它体现了建筑物房间开间、进深的标志尺寸。因此，凡是承重墙、柱子、梁或屋架等主要承重构件均应画上轴线以确定其位置。非承重的分隔墙、次要的承重构件等，一般不画轴线，而是注明它们与附近轴线的相关尺寸以确定其位置，但有的也可用分轴线确定其位置。

3. 图线

为使图面清楚美观、图示内容主次分明，绘图时采用粗细不同的线型来表示建筑物的各部分，加强表达效果。我们在"单元1的子单元2 建筑制图知识"中已经简单地介绍过有关图线要求，这里再详细说明如下：

1）粗实线（线宽 b）：剖切位置线；剖切到的主要建筑构造部件轮廓线，例如墙、柱等。

2）中粗实线（线宽 0.5b）：尺寸起止符号；门的开启方向线；剖切到的次要建筑构造部件轮廓线，例如门（当比例较小采用单线表示时）、窗台、楼段等；未剖切到但可见的建筑构造部件轮廓线，例如阳台、雨篷、台阶、梯段等。

3）细实线（线宽 0.35b）：其他图形线、图例线、引出线、尺寸线、尺寸界线、标高符号、轴线圆圈等。粉刷层在 1:100 的平面图中不必画出，在 1:50 或更大比例的平面图中用细实线表示。

4）细单点长画线（线宽 0.25b）：轴线。

4. 图例

由于建筑平面图一般采用较小的比例，所以用规定的图例表示，图例画法详见"单元1的子单元2 建筑制图知识"相关内容，这里对一些常用要求说明如下：

1）门：代号为 M，同一类型的门编号应相同，例如 M-1、M1 等。

2）窗：代号为 C，同一类型的窗，编号应相同，例如 C-1、C1 等。

3）指北针：表示房屋朝向的指北针在一层平面图中画出。

4）楼梯：注意底层、中间层、顶层的画法不一样。

5）详图索引符号：在平面图中凡需另给详图的部位，均应画上索引符号。

6）剖切的表示：在一层平面图中，还应画上剖切符号以确定剖面图的剖切位置和剖视方向。

7）材料图例：在平面图中，凡是被剖到的部分应画出材料图例，但小比例平面图中则无需画出材料图例，一般以 1∶50 为界。

5. 标注

建筑平面图中应标注三方面的内容：外墙尺寸、局部尺寸、主要部位标高。

（1）外墙尺寸

建筑平面图中，一般应在图形的下方和左方分别标注关于外墙的三道尺寸。最外面的一道尺寸是外包尺寸，表示建筑物的总长和总宽；中间一道尺寸是轴线之间的距离，是房间的开间和进深尺寸，最里面的一道尺寸是门窗洞口的宽度和洞间墙的尺寸。当平面图形不对称时，平面图的四周均应标注尺寸。

（2）局部尺寸

除三道尺寸外，还需注出某些局部尺寸，例如内墙厚度，内墙上门窗洞口的尺寸及其定位尺寸，台阶、花台、散水等的尺寸以及某些固定设备的定位尺寸等。

（3）主要部位标高

平面图中还需注明楼地面、台阶顶面、楼梯平台面以及室外地面的标高。室外地面标高采用涂黑等腰直角三角形表示，楼地面标高采用一等腰直角三角形，斜边延长注明标高数字。

平面图中，标高的单位以米为单位且保留到小数点后三位。其余以毫米为单位。

3.3.4　建筑平面图识图示例

建筑平面图表示房间功能和房间、柱网、墙体、门窗、楼梯等的平面布置情况，反映了建筑的功能要求。建筑平面图的识读应按照先浅后深、先粗后细的方法。先粗看，这只是对建筑概况的了解阶段，只需大致了解各层平面布局、房间功能等，再细看，深入了解建筑平面布置情况。

我们以××高中教学楼的建筑平面图（见图 3-6、图 3-7、图 3-8、图 3-9）为例进行识图介绍。

1. 一层平面图

1）查看图名、比例及指北针，确定建筑物朝向。

2）阅读轴网，了解总尺寸、开间、进深等。

3）查看平面功能布置，明确房间功能及布局、交通疏散情况，例如走廊、楼梯间、电梯间等布置。

4）查看墙体及门窗布置情况，进一步熟悉平面布局。

5）查看细部构造，熟悉台阶、散水、管道井等布置及定位。

6）查看室内外相对标高，并与建筑总平面图的绝对标高及建筑设计总说明中的标高说明对照。

7）查看剖切位置，以备建筑剖面图的识图。

2. 标准层平面图

1）查看图名、比例。

2）阅读轴网，了解总尺寸、柱网、结构形式。

3）逐层查看房间功能、交通疏散、墙体、门窗等布置情况，并结合上下楼层，认清各层建筑功能、垂直交通布置间的相互对应关系。

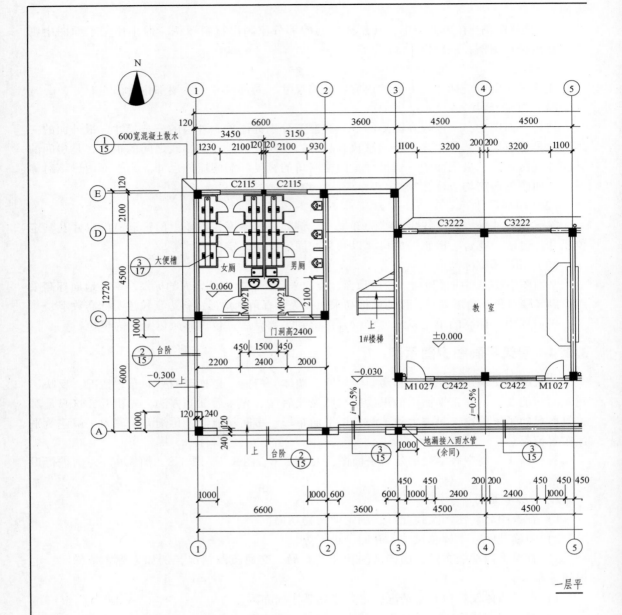

一层平

工种	审定	审核	项目负责人	校对	工种负责人
签名					
日期					

××建筑设计研究院
《勘察设计证书》××设证甲字××号

图3-6　一层

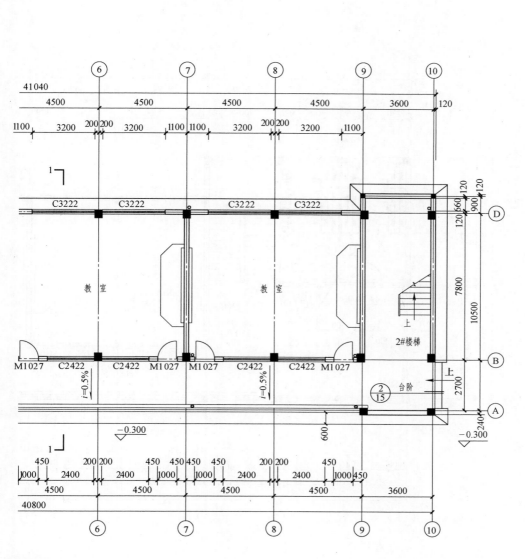

面图 1:100

设计		图目	一层平面图	项目名称	××高中	编号	2006025-1
						图别	建施
				工程名称	教学楼	图号	4
						日期	2006.12

A2：420×594　　未加盖出图专用章无效

平面图

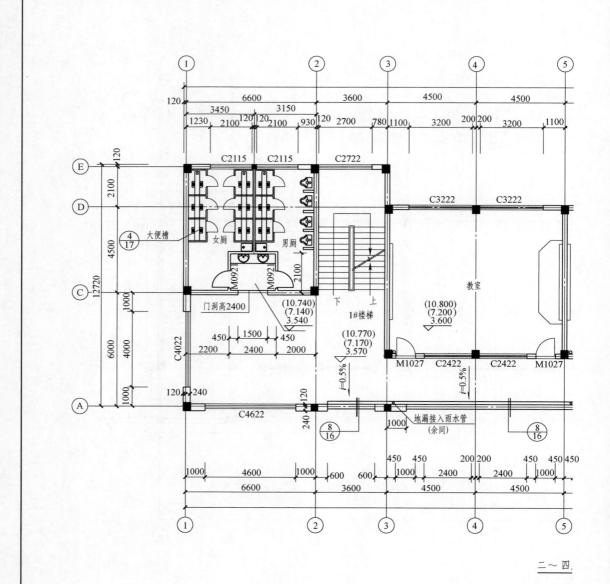

二～四

××建筑设计研究院 《勘察设计证书》××设证甲字××号	工种	审定	审核	项目负责人	校对	工种负责人
	签名					
	日期					

图 3-7 二～四

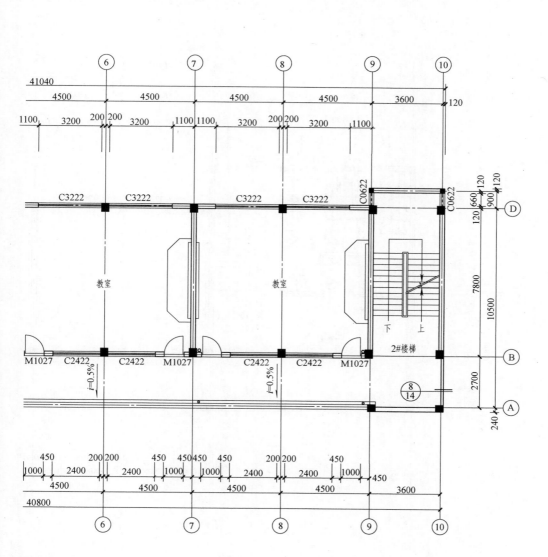

层平面图 1:100

设计		图目	二~四层平面图	项目名称	××高中	编号	2006025-1
						图别	建施
				工程名称	教学楼	图号	5
						日期	2006.12

A2：420×594　　未加盖出图专用章无效

层平面图

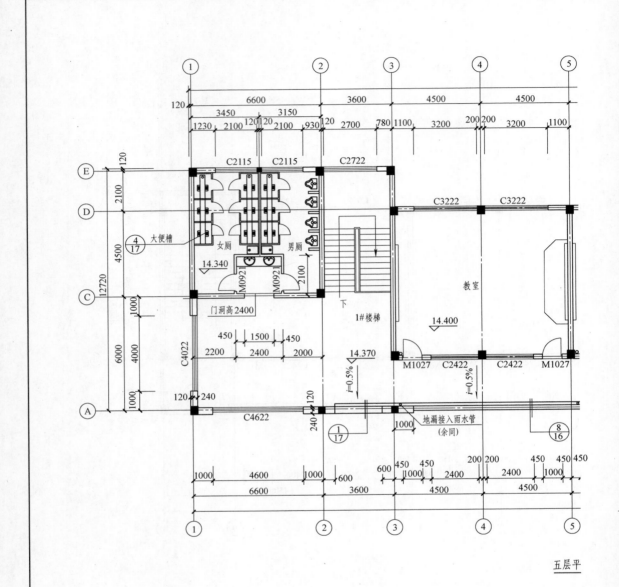

五层平

工种	审定	审核	项目负责人	校对	工种负责人
签名					
日期					

××建筑设计研究院
《勘察设计证书》××设证甲字××号

图 3-8　五层

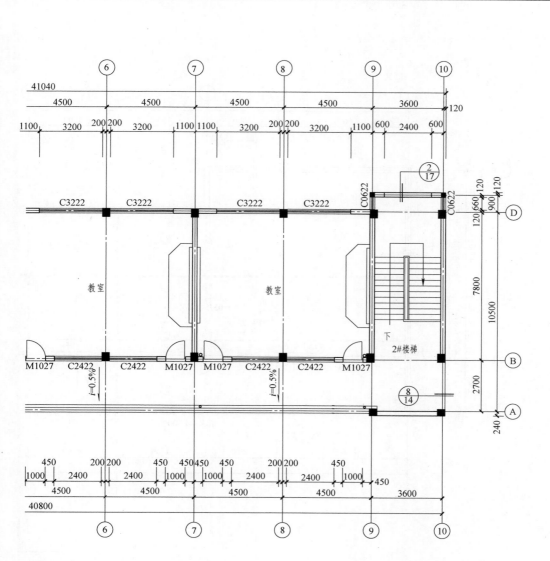

面图 1:100

设计	图目	五层平面图	项目名称	××高中	编号	2006025-1
					图别	建施
			工程名称	教学楼	图号	6
					日期	2006.12

A2：420×594　未加盖出图专用章无效

平面图

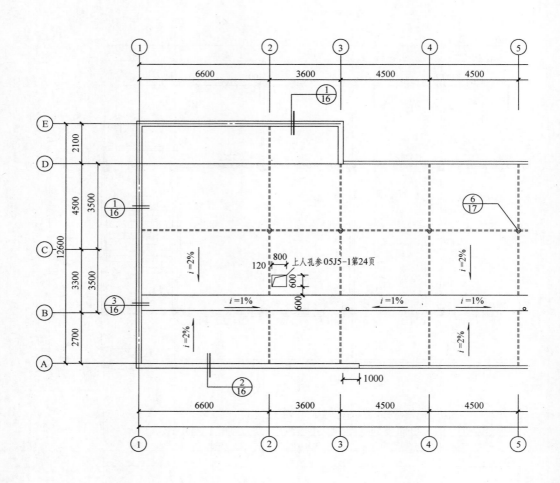

屋顶平面图

	工种	审定	审核	项目负责人	校对	工种负责人
××建筑设计研究院《勘察设计证书》××设证甲字××号	签名					
	日期					

图 3-9　屋顶

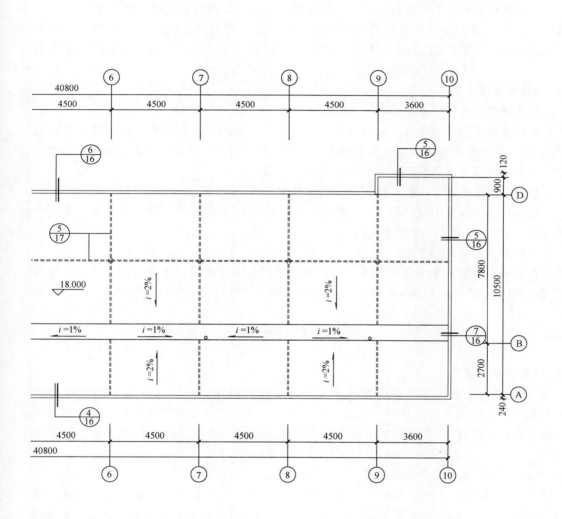

1:100

设计		图目	屋顶平面图	项目名称	××高中	编号	2006025-1
						图别	建施
				工程名称	教学楼	图号	7
						日期	2006.12

A2：420×594　未加盖出图专用章无效

平面图

4）查看细部构造，熟悉雨篷、管道井、预留孔洞等布置及定位。

5）查看各楼层标注的相对标高，明确同层楼面标高有无高差，并可了解层高。

6）因功能、造型等因素，建筑顶层可能与下面楼层的布局差别较大，例如办公楼中经常会在顶层设置屋顶花园、大空间会议室等，结构形式会有所不同，因此需要特别注意。

3. 屋顶平面图

1）查看图名、比例。

2）查看屋顶平面排水情况：屋面坡度、排水方向、檐沟位置、雨水管位置及数量。值得一提的是，屋面找坡有建筑找坡和结构找坡两种形式，需要结合屋顶构造做法了解清楚。

3）查看出屋顶平面楼梯间、电梯间、水箱等位置。

4）查看屋顶平面的上人孔、通风道等预留孔洞位置。

5）查看屋顶平面变形缝、排气口、檐沟、女儿墙等构造节点位置及索引符号，需结合索引的标准图集和建筑详图才能明确构造做法。

6）查看屋顶平面标高。

7）查看出屋面的构架等布置情况。为了追求更好的建筑效果，通常屋顶平面都设置有比较复杂的构架，需结合后面的建筑立面图仔细理解，必要时可结合效果图识图。

知 识 链 接

1. 住宅开间和进深

住宅设计中，一自然间的宽度称为开间，长度称为进深。开间是指自然间宽度方向（一般为东西方向）两面墙定位轴线之间的实际距离，进深是指自然间深度方向（一般为南北方向）两面墙定位轴线之间的实际距离。为了保证房间的自然采光和通风条件，住宅的进深设计有一定的要求，不宜过大。

2. 厕所、盥洗室、浴室平面布置

建筑物的厕所、盥洗室、浴室不应直接布置在餐厅、食品加工、食品贮存、医药、医疗、变配电等有严格卫生要求或防水、防潮要求用房的上层；除本套住宅外，住宅卫生间不应直接布置在下层的卧室、起居室、厨房和餐厅的上层。

3. 厕所、盥洗室、浴室、厨房楼地面要求

厕所、盥洗室、浴室、厨房等受水或经常浸湿的楼地面应采用防水、防滑类面层，且应低于相邻楼地面，并设排水坡，坡向地漏；厕浴间和有防水要求的建筑地面必须设置防水隔离层；楼层结构必须采用现浇混凝土或整块预制混凝土板，混凝土强度等级不应小于 C20；楼板四周除门洞外，应做混凝土翻边，其高度不应小于 120mm。

经常有水流淌的楼地面应低于相邻楼地面或设门槛等挡水设施，且应有排水措施，其楼地面应采用不吸水、易冲洗、防滑的面层材料，并应设置防水隔离层。

4. 建筑标高和结构标高

在施工图中我们可以看到标高有建筑标高和结构标高之分，建筑标高是指地面、楼面等完成面层装饰后的上皮表面相对标高，结构标高是指梁、板等结构构件的上皮表面（不包括装饰面层厚度）的相对标高，二者之间正好相差装饰面层的厚度。通常建筑施工图中标注建筑标高，结构施工图中标注结构标高，但是在建筑施工图中对于屋顶的标高标注一般采用结构标高。

子单元小结

子项	知 识 要 点	能 力 要 点
建筑平面图形成及作用	1. 建筑平面图的形成 2. 建筑平面图的作用	
建筑平面图图示内容	1. 建筑平面图中绘制的主要内容：墙、柱、定位轴线、门窗及编号、房间名称、三道标注尺寸、楼梯电梯、主要建筑设备、主要建筑构造部件、预留孔洞和管道、变形缝、标高等。一层平面图还须绘制指北针、剖切线位置编号 2. 屋顶平面图绘制的主要内容：女儿墙、檐沟、坡度、坡向、雨水口、屋脊（分水线）、变形缝、屋面上人孔、突出屋面的楼梯间等	能正确识读建筑平面图的图示内容，理解设计意图，按图施工
建筑平面图图示要求	1. 建筑平面图的常用绘制比例 2. 建筑平面图的定位轴线 3. 建筑平面图的图线制图标准 4. 建筑平面图的标准图例：门、窗、指北针、楼梯、详图索引符号、剖切符号及材料图例 5. 建筑平面图中的标注：外墙的三道尺寸、局部尺寸、主要标高	能按照制图标准和图示要求，正确绘制简单的建筑平面图

思考与拓展题

1. 观察你所在的教学楼，是否存在相同的标准层？如果绘制该教学楼的建筑平面图，那么最少是几张，最多又是几张？

2. 为什么在建筑施工图中，屋顶平面图一般标注结构标高？

子单元4　建筑立面图

知识目标：1. 掌握建筑立面图的形成及作用。

　　　　　　2. 熟悉建筑立面图的图示内容和图示要求。

能力目标：1. 能编制简单的建筑立面图。

　　　　　　2. 能结合建筑平面图，正确识读建筑立面图，理解设计意图，按图施工。

学习重点：1. 掌握建筑立面图的图示内容和图示要求。

　　　　　　2. 能正确识读建筑立面图。

导入案例：××高中教学楼。

3.4.1　建筑立面图的形成及作用

1. 建筑立面图的形成

在与建筑物立面平行的投影面上所作的正投影图，就是建筑立面图，简称立面图。

立面图的命名方式有三种：

1）用房屋的朝向命名，例如南立面图、北立面图、东立面图等。

2）根据主要出入口命名，例如正立面图、背立面图、侧立面图。

3）用立面图上首尾轴线命名，例如①~⑩轴立面图、⑩~①立面图等。

平面形状曲折复杂的建筑物，必要时可绘制展开立面图，图名后加注"展开"两字。

2. 建筑立面图的作用

建筑立面图主要表示建筑物的体形和外貌，表示立面各部分配件的形状及相互关系，表示立面装饰要求及构造做法等。

在施工过程中，建筑立面图是作为明确门窗、阳台、雨篷、檐沟等的形状及位置，外立面装饰要求等的依据。

3.4.2　建筑立面图的图示内容

建筑立面图一般应包含以下内容：

1）两端定位轴线及编号。

2）立面外轮廓及主要建筑构造部件的位置。例如室外地坪、台阶、勒脚、门窗、阳台、雨篷、栏杆、女儿墙顶、檐口、雨水管。

3）主要建筑装饰构件、饰面分格线等。

4）主要标高的标注。例如室外地面、窗台、门窗顶、檐口、屋顶、女儿墙及其他装饰构件、线脚等的标高或高度。

5）外立面装饰要求。包括外墙的面层材料、色彩等。

6）在平面图上表达不清的窗编号。

3.4.3　建筑立面图的图示要求

1. 比例

常用比例是1:100，1:200，1:50等，必要时可用比例是1:150，1:300等。立面图的比例通常与平面图相同。

2. 定位轴线

一般只需标注两端定位轴线及编号，以便和平面图对照确定立面图的观看方向。

3. 图线

为使图面清楚美观、图示内容主次分明，绘图时采用粗细不同的线型来表示建筑物的各部分，加强表达效果。我们在"单元1的子单元2建筑制图知识"中已经简单地介绍过有关图线要求，这里再详细说明如下。

1）加粗实线（线宽 $1.4b$）：室外地坪线。

2）粗实线（线宽 b）：建筑物的最外轮廓线。

3）中粗实线（线宽 $0.5b$）：相对外墙面来说，具有明显凹凸的部位，例如门窗最外框线、阳台、雨篷、台阶、外凸于墙面的柱子等。

4）细实线（线宽 $0.25b$）：其他图形线、细部分格线，例如雨水管、门窗分格线、饰面分格线、引出线、图例线、尺寸线、尺寸界线、标高符号、轴线圆圈等。

5）细单点长画线（线宽 $0.25b$）：轴线。

4. 图例

由于建筑立面图一般采较小的比例，所以门窗都是用规定的图例表示，门窗框都用双线绘制，图例画法详见"单元1的子单元2建筑制图知识"相关内容。在建筑立面图中一般只画出主要轮廓线及分格线。

5. 标注

建筑立面图中主要表现高度方向的尺寸，一般采用标高来标注。各标高注写在立面图的左侧或右侧且排列整齐。

标高主要注写部位为：室内外地坪、窗台、门窗洞顶面、阳台底面（或顶面）、雨篷底面（或顶面）、檐沟底面（或顶面）、女儿墙顶面、饰面分隔处等。

标高的单位以米为单位且保留到小数点后三位。

3.4.4 建筑立面图识图示例

建筑物除了满足人们生产生活等物质功能的要求，还要满足精神文化方面的需求。因此，在符合内部使用功能的基础上，建筑物的内部和外部造型都会进行艺术处理，以满足人们对建筑物美观的要求，其中建筑物的外部造型尤为重要。识读建筑立面图，必须把握这个关键点，结合建筑平面图，重点了解建筑物的体型、立面及细部处理。

我们以××高中教学楼的建筑立面图（见图3-10、图3-11、图3-12）为例进行识图介绍。

1）查看图名、比例，了解立面图的观察方位。

2）熟悉建筑立面外形。

3）查看各立面上的建筑构造部件，例如室外地坪、台阶、勒脚、门窗、阳台、雨篷、栏杆、女儿墙顶、檐口、雨水管等，需要结合建筑平面图对照识图，熟悉构造部件的形状及布置情况。

4）查看各立面上的建筑装饰构件，例如勒脚、线脚、粉刷分格线等布置情况，需要结合建筑详图识图，才能明确构造做法。

5）查看建筑立面各部位标高，明确主要建筑构件的标高情况，了解建筑物总高度。

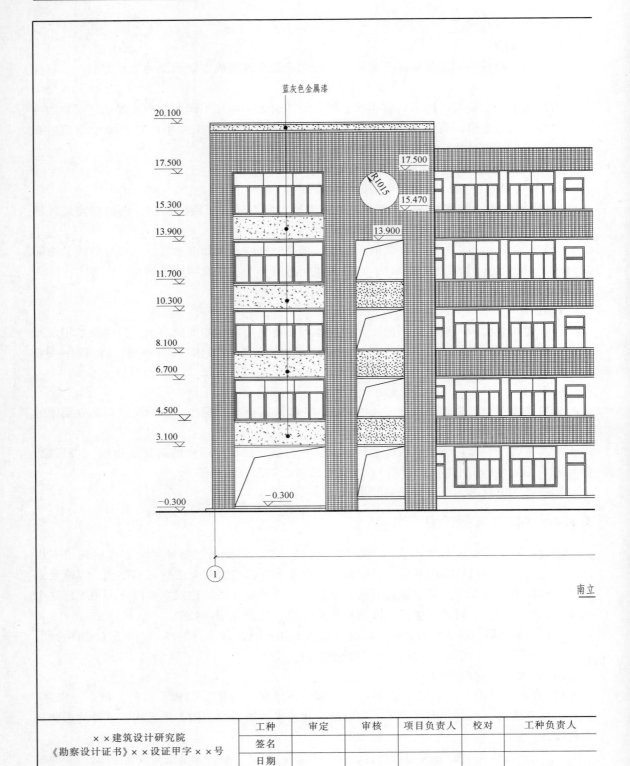

图 3-10 南

	工种	审定	审核	项目负责人	校对	工种负责人
××建筑设计研究院 《勘察设计证书》××设证甲字××号	签名					
	日期					

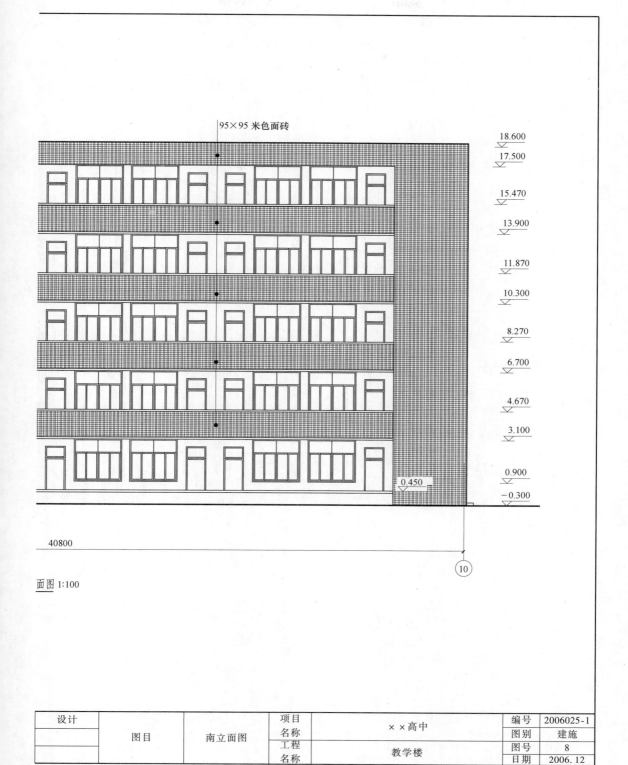

95×95 米色面砖

18.600
17.500

15.470

13.900

11.870

10.300

8.270

6.700

4.670

3.100

0.900
−0.300

0.450

40800

⑩

面图 1:100

设计		图目	南立面图	项目名称	××高中	编号	2006025‑1
						图别	建施
				工程名称	教学楼	图号	8
						日期	2006.12

A2：420×594　未加盖出图专用章无效

立面图

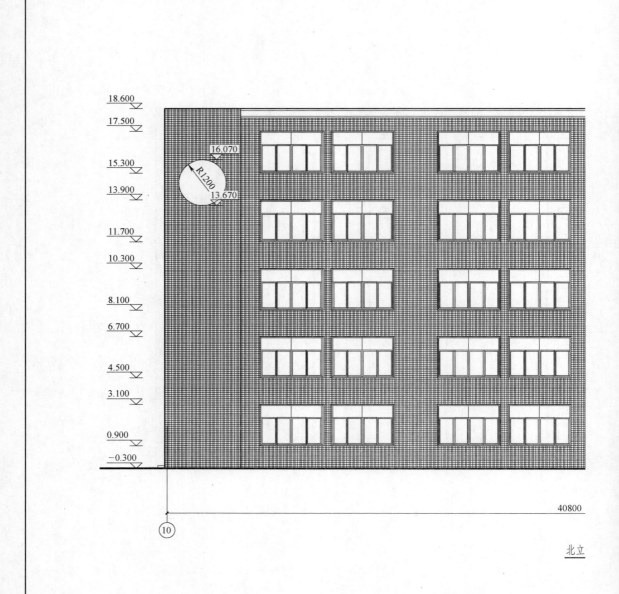

18.600
17.500
16.070
R1200
15.300
13.900
13.670
11.700
10.300
8.100
6.700
4.500
3.100
0.900
−0.300

⑩

40800

北立

工种	审定	审核	项目负责人	校对	工种负责人
签名					
日期					

××建筑设计研究院
《勘察设计证书》××设证甲字××号

图 3-11 北

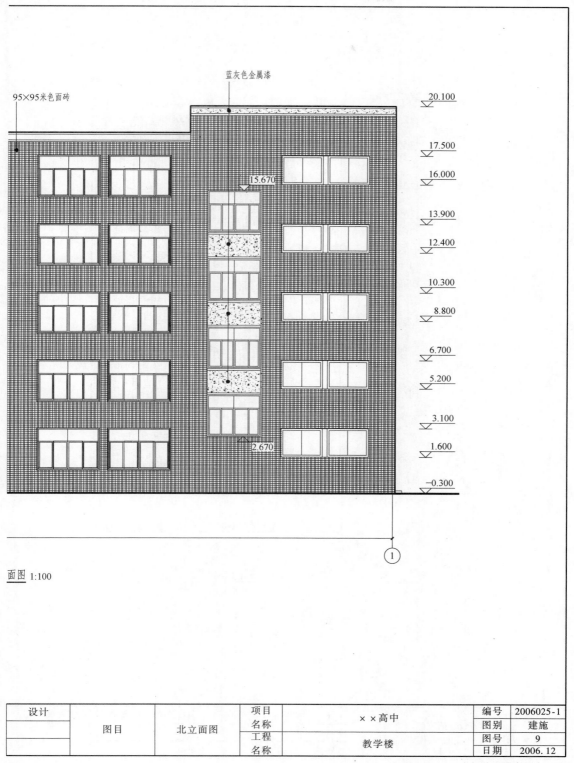

蓝灰色金属漆

95×95米色面砖

20.100

17.500

16.000

15.670

13.900

12.400

10.300

8.800

6.700

5.200

3.100

2.670

1.600

−0.300

①

面图 1:100

设计		图目	北立面图	项目名称	××高中	编号	2006025-1
						图别	建施
				工程名称	教学楼	图号	9
						日期	2006.12

A2：420×594   未加盖出图专用章无效

立面图

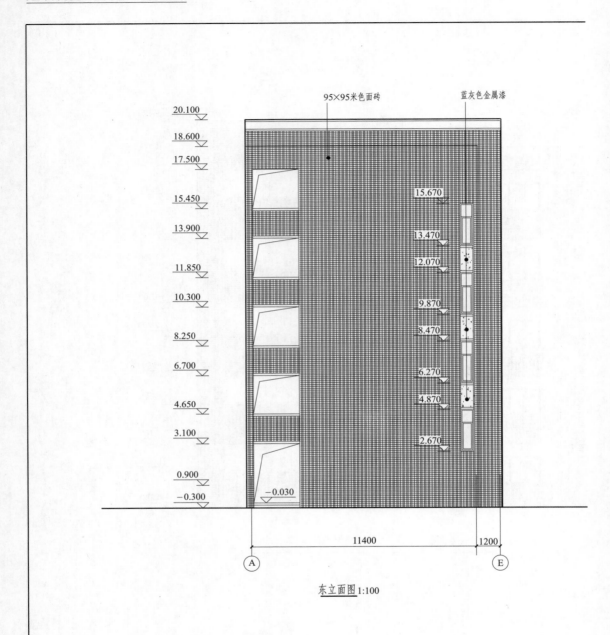

95×95米色面砖　　　蓝灰色金属漆

20.100
18.600
17.500
15.670
15.450
13.900
13.470
12.070
11.850
10.300
9.870
8.470
8.250
6.700
6.270
4.870
4.650
3.100
2.670
0.900
-0.300
-0.030

11400　　1200

Ⓐ　　Ⓔ

东立面图1:100

工种	审定	审核	项目负责人	校对	工种负责人
签名					
日期					

××建筑设计研究院
《勘察设计证书》××设证甲字××号

图 3-12　东、西

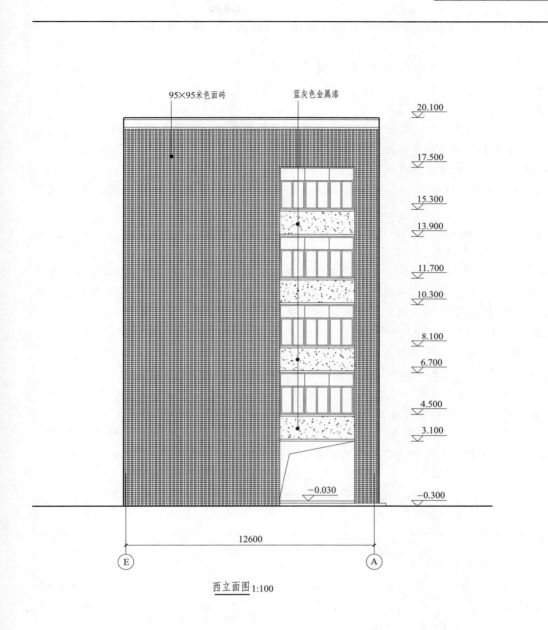

95×95米色面砖　　蓝灰色金属漆

20.100
17.500
15.300
13.900
11.700
10.300
8.100
6.700
4.500
3.100
−0.030
−0.300

12600

E　　A

西立面图 1:100

设计		图目	东立面图 西立面图	项目 名称	××高中	编号	2006025-1
						图别	建施
				工程 名称	教学楼	图号	10
						日期	2006.12

A2：420×594　　未加盖出图专用章无效

立面图

6）阅读建筑各外立面的装饰要求说明，熟悉外立面装饰材料、色彩等做法。

知 识 链 接

1. 建筑高度

平屋顶的建筑高度应按建筑物室外地面至其屋面面层或女儿墙顶点的高度计算。

坡屋顶的建筑高度应按建筑物室外地面至屋檐和屋脊的平均高度计算。

下列突出物不计入建筑高度内：

1）局部突出屋面的楼梯间、电梯机房、水箱间等辅助用房占屋顶的平面面积不超过1/4者。

2）突出屋面的通风道、烟囱、装饰构件、花架、通信设施等。

3）空调冷却塔等设备。

建筑高度不应危害公共空间安全、卫生和景观，对机场、电台、电信、微波通信、气象台、卫星地面站、军事要塞工程等周围的建筑控制区内建筑，应控制建筑高度。控制区内建筑高度应按建筑物室外地面至建筑物和构筑物最高点的高度计算。

2. 建筑日照

建筑日照标准应符合下列要求：

1）住宅每套至少应使一个居住空间能获得冬至日不小2h的日照标准。

2）宿舍半数以上的居室，应能获得同住宅居住空间相等的日照标准。

3）托儿所、幼儿园的主要生活用房，应能获得冬至日不小3h的日照标准。

4）老年人住宅、残疾人住宅的卧室、起居室，医院、疗养院半数以上的病房和疗养室，中小学半数以上的教室应能获得冬至日不小于2h的日照标准。

子单元小结

子项	知 识 要 点	能 力 要 点
建筑立面图形成及作用	1. 建筑立面图的形成 2. 建筑立面图的作用	
建筑立面图图示内容	建筑立面图中绘制的主要内容：两端定位轴线、立面外轮廓、主要建筑构造部件、主要建筑装饰构件、主要标高、外立面装饰要求、平面图中表达不清的窗编号	能结合建筑平面图,正确识读建筑立面图的图示内容,理解设计意图,按图施工
建筑立面图图示要求	1. 建筑立面图的常用绘制比例 2. 建筑立面图的定位轴线 3. 建筑立面图的图线制图标准 4. 建筑立面图的标准图例：门、窗等 5. 建筑立面图中的标注：主要标高	能按照制图标准和图示要求,正确绘制简单的建筑立面图

思考与拓展题

1. 目前工程中外墙常采用大理石、花岗岩等石材饰面，石材饰面有干挂法和挂贴法，我们在单元 2 中已经介绍过，请问这两种施工方法各有什么优缺点，分别适用在什么情况？另外采用挂贴法施工会产生"流泪"现象，这是什么原因呢？

　　2. 2009 年 2 月 13 日，中央电视台针对央视新址北配楼火灾事件召开会议，通报专家组初步结果："初步勘察结果显示，着火后，燃烧主要集中在钛合金下面的保温层，具有表皮过火的特点。大楼保温层使用的材料是国家推荐使用的新型节能保温材料，这种材料燃烧后过火极快，因此瞬间从北配楼顶部蔓延到整个大楼，这次火灾是新中国成立以来建筑物过火燃烧最快的一例。目前这种新型材料在北京市很多建筑中都有使用，北京大学乒乓球馆着火也是这种情况。北京市将对这种新型材料的防火标准进行重新评估和审定。"请你详细了解这种保温材料的具体性能，并了解你所在地区常用的保温材料有哪些？这些保温材料是否也存在问题。

子单元 5   建筑剖面图

知识目标：1. 掌握建筑剖面图的形成及作用。
　　　　　　2. 熟悉建筑剖面图的图示内容和图示要求。

能力目标：1. 能绘制简单的建筑剖面图。
　　　　　　2. 能结合建筑平面图，正确识读建筑剖面图，理解设计意图，按图施工。

学习重点：1. 掌握建筑剖面图的图示内容和图示要求。
　　　　　　2. 能正确识读建筑剖面图。

导入案例：××高中教学楼。

3.5.1   建筑剖面图的形成及作用

1. 建筑剖面图的形成

假想用一个垂直于外墙轴线的铅垂剖切面将建筑物剖开，移去观察者与剖切面之间的部分，对剩余部分所作的正投影图，称为建筑剖面图，简称剖面图。

剖面图应选择能反映建筑物全貌和构造特征，以及有代表性的剖切位置，一般常取建筑物的主要部位，并且通过门窗洞口。根据建筑物的复杂程度，剖面图可以绘制一个或数个，视具体情况而定。

2. 建筑剖面图的作用

建筑剖面图主要表示房屋的内部分层情况、各层高度、楼地面和屋面以及各构配件在垂直方向上的相互关系等内容。

在施工过程中，建筑剖面图是作为分层，砌筑内墙，铺设楼板、屋面板等工作的依据。

3.5.2   建筑剖面图的图示内容

建筑剖面图中除了要画出被剖切到的部分，还应画出投影方向能看到的部分。室内地坪以下的基础部分一般不在剖面图中表示，而在结构施工图中表示。建筑剖面图一般应包含以下内容：

1）剖切到的墙体轴线和编号、轴线间尺寸。

2）剖切到的建筑构造部件，例如墙体、门窗、室外地面、室内一层地面、各层楼板、屋面板、檐沟、女儿墙、阳台、雨篷及吊顶等。

3）未剖切到但在投影方向可见的建筑构造部件，例如门窗、梁、柱、墙、台阶、散水、阳台、雨篷等。

4）高度方向的三道尺寸：建筑总高度，层间高度，门窗高度、窗间墙高度、室内外高差、女儿墙高度等分尺寸。

5）主要部位标高：室外地面、室内一层地面、各层楼面、屋面、檐沟、女儿墙顶、其他可见屋顶、构件等的标高。

3.5.3   建筑剖面图的图示要求

1. 比例

常用比例是 1∶100，1∶200，1∶50 等，必要时可用比例是 1∶150，1∶300 等。剖面图的比例通常与平面图、立面图相同。

2. 定位轴线

标注剖切到的两端外墙及中间内墙定位轴线及编号，以便和平面图对照确定剖面图的剖切位置及观看方向。

3. 图线

为使图面清楚美观、图示内容主次分明，绘图时采用粗细不同的线型来表示建筑物的各部分，加强表达效果。我们在"单元1的子单元2建筑制图知识"中已经简单地介绍过有关图线要求，这里再详细说明如下。

1）加粗实线（线宽 $1.4b$）：室外地坪线。

2）粗实线（线宽 b）：剖切到的主要建筑构造部件轮廓线，例如墙、楼板和屋面板等。

3）中粗实线（线宽 $0.5b$）：尺寸起止符号；剖切到的次要建筑构造部件轮廓线，例如门窗洞口、楼段等；未剖切到但可见的主要建筑构造部件，例如台阶、阳台、雨篷等。

4）细实线（线宽 $0.25b$）：其他图形线、图例线、引出线、尺寸线、尺寸界线、标高符号、轴线圆圈等。粉刷层在 1:100 的剖面图中不必画出，在 1:50 或更大比例的剖面图中用细实线表示。

5）细单点长画线（线宽 $0.25b$）：轴线。

4. 图例

由于建筑剖面图一般采用较小的比例，所以门窗等都用规定的图例表示，图例画法详见"单元1的子单元2建筑制图知识"相关内容。另外，在剖面图中，凡是被剖到的墙、柱、梁、板等应画出材料图例。但在 1:100 、1:200 的小比例平面图中一般不画材料图例，比如钢筋混凝土材料一般涂黑或涂红表示。

5. 标注

建筑剖面图中应标注三方面的内容：水平方向尺寸、高度方向尺寸、主要部位标高。

1）水平方向尺寸：剖切到的墙体轴线间尺寸。

2）高度方向尺寸：一般沿外墙标注三道尺寸线，最外面一道是建筑总高度尺寸，从室外地坪到女儿墙压顶；第二道为层高尺寸；第三道为窗台高度、门窗高度、洞间墙高度、室内外高差、女儿墙高度等细部尺寸。

3）主要部位标高：室外地面、室内一层地面、各层楼面、屋面、檐沟、女儿墙顶、其他可见屋顶、构件等的标高。

3.5.4　建筑剖面图识图示例

识读建筑剖面图，必须结合建筑平面图、建筑立面图，对照剖面图与平面图、立面图之间的相互关系，建立起建筑内部和外部的空间概念。

我们以××高中教学楼的建筑剖面图（见图3-13）为例进行识图介绍。

1）查看图名，与一层平面图对照，确定剖切位置及投影方向。

2）结合平面图，了解各楼层结构关系、建筑空间关系、功能关系。

3）结合平面图和立面图，查看楼层标高及尺寸标注，明确建筑物总高度、层数、各层层高、室内外高差。

4）结合平面图和立面图，查看细部尺寸及标高，明确门窗、阳台栏杆、女儿墙、吊顶等标高及其他空间尺度。

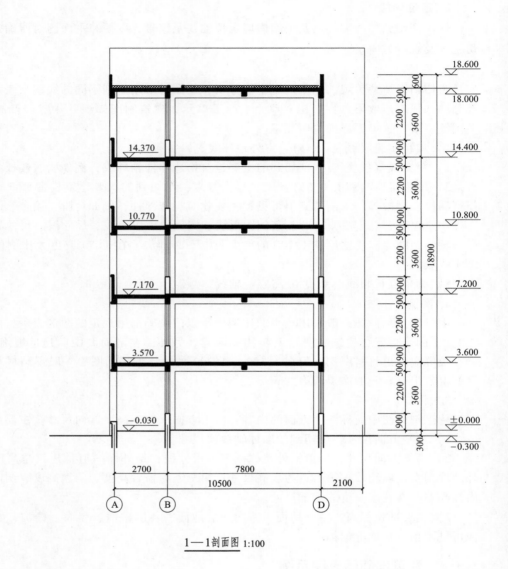

1—1剖面图 1:100

××建筑设计研究院
《勘察设计证书》××设证甲字××号

工种	审定	审核	项目负责人	校对	工种负责人
签名					
日期					

图 3-13　1-1 剖面

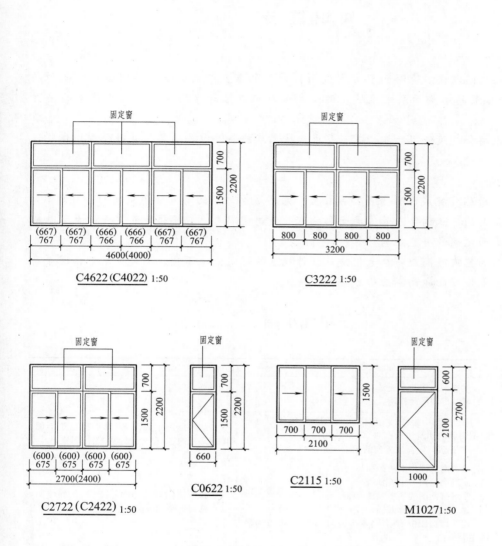

C4622 (C4022) 1:50

C3222 1:50

C2722（C2422）1:50

C0622 1:50

C2115 1:50

M1027 1:50

设计		图目	1-1 剖面图 门窗详图	项目名称	××高中	编号	2006025-1
						图别	建施
				工程名称	教学楼	图号	11
						日期	2006.12

A2：420×594   未加盖出图专用章无效

图、门窗详图

知 识 链 接

1. 层高

建筑物各层之间以楼、地面面层（完成面）计算的垂直距离，屋顶层由该层楼面面层（完成面）至平屋面的结构面层或至坡顶的结构面层与外墙外皮延长线的交点计算的垂直距离。

建筑层高应结合建筑使用功能、工艺要求和技术经济条件综合确定，并符合专用建筑设计规范的要求。

2. 室内净高

从楼、地面面层（完成面）至吊顶或楼盖、屋盖底面之间的有效使用空间的垂直距离。

当楼盖、屋盖的下悬构件或管道底面影响有效使用空间者，应按楼地面完成面至下悬构件下缘或管道底面之间的垂直距离计算。

建筑物用房的室内净高应符合专用建筑设计规范的规定；地下室、局部夹层、走道等有人员正常活动的最低处的净高不应小于2m。

子单元小结

子项	知识要点	能力要求
建筑剖面图形成及作用	1. 建筑剖面图的形成 2. 建筑剖面图的作用	
建筑剖面图图示内容	建筑剖面图中绘制的主要内容:剖切到的墙体定位轴线、剖切到的建筑构造部件、未剖切到但投影方向可见的建筑构造部件、高度方向的三道尺寸、主要标高	能结合建筑平面图,正确识读建筑剖面图的图示内容,理解设计意图,按图施工
建筑剖面图图示要求	1. 建筑剖面图的常用绘制比例 2. 建筑剖面图的定位轴线 3. 建筑剖面图的图线制图标准 4. 建筑剖面图的标准图例:门、窗等 5. 建筑剖面图中的标注:水平方向尺寸、高度方向尺寸、主要标高	能按照制图标准和图示要求,正确绘制简单的建筑剖面图

思考与拓展题

1. 查看一下你的周围，教学楼的层高是多少？宿舍楼的层高又是多少？

2. 你知道国家规范对住宅楼的层高设计有什么规定吗？

子单元6 建 筑 详 图

知识目标：1. 掌握建筑详图的形成及作用。

2. 熟悉楼梯详图等建筑详图的图示内容和图示要求。

能力目标：1. 能编制简单的楼梯详图。

2. 能结合建筑设计总说明、建筑平面图、立面图、剖面图，正确识读建筑详图，理解设计意图，按图施工。

学习重点：1. 掌握楼梯详图的图示内容和图示要求。

2. 能结合全套建筑施工图，正确识读楼梯详图等建筑详图。

导入案例：××高中教学楼。

3.6.1 建筑详图的形成及作用

1. 建筑详图的形成

由于建筑平、立、剖面图的比例较小，无法把细部表达清楚。因此，用较大的比例（1:50、1:20等）将建筑物的细部构造尺寸、材料、做法等详尽地绘制出来的图样称为建筑详图。

建筑详图的图示方法常用局部平面图、局部立面图、局部剖面图等表示，具体视各部位情况而定。例如，楼梯详图需要绘制楼梯平面图、楼梯剖面图、踏步节点详图、栏杆节点详图等，墙身节点详图则用一个剖面图表示即可。

2. 建筑详图的作用

建筑详图主要表示建筑构配件的详细构造、所用材料、细部尺寸、有关施工要求等。

在施工过程中，建筑详图是楼梯、墙身、阳台、雨篷等施工的重要依据。

3.6.2 建筑详图的图示内容

建筑详图一般可分为两类：局部构造详图，例如楼梯详图、电梯详图等；建筑构件节点详图，例如墙身详图、阳台详图、雨篷详图、檐沟详图、窗套详图、装饰线脚详图等。下面以楼梯详图为例说明图示内容要求。

楼梯是建筑物垂直方向的交通通道，一般由楼梯段、楼梯平台（中间平台和楼层平台）和栏杆组成。楼梯详图一般包括楼梯平面图、楼梯剖面图、节点详图。

1. 楼梯平面图

假想用一个水平面在楼梯间每层向上第一个梯段的中部（中间平台下）剖开，移去上部以后，将剖切面以下的部分向水平投影面进行正投影得到的图样，称为楼梯平面图。

楼梯间应每层剖切，得到的平面图以所在楼层命名，分别简称为一层平面图、二层平面图、三层平面图等。当某些楼层平面布置相同时，可以只画一个平面图，称为标准层平面图。

顶层平面图是在顶层楼面栏杆上部俯视，将楼梯间顶层向水平投影面进行正投影得到的图样。

楼梯平面图表达的内容：

1）楼梯间墙体及其定位轴线和轴线编号。

2）梯段、楼梯平台（中间平台和楼层平台）、梯井、栏杆。

3）楼梯间开间方向两道标注尺寸：轴线间尺寸；梯井尺寸、梯段宽度尺寸及其与轴线关系尺寸。

4）楼梯间进深方向两道标注尺寸：轴线间尺寸；梯段长度尺寸（踏步宽度×水平踏步数＝梯段长度尺寸）、楼梯平台（中间平台和楼层平台）尺寸及其与轴线关系尺寸。

5）室外地面标高、一层地面标高、各楼层面标高等。

6）梯段上下方向示意。

7）剖切线位置及编号（画在一层平面图上）。

8）主要建筑构件做法索引，例如踏步等。

2. 楼梯剖面图

假想用一个平行于梯段方向的铅垂剖切面将楼梯间剖开，移去观察者与剖切面之间的部分，对剩余部分所作的正投影图，称为楼梯剖面图。每个楼梯间通常只绘制一个楼梯剖面图。

楼梯剖面图表达的内容：

1）剖切到的墙体轴线和编号、轴线间尺寸。

2）剖切到的楼梯间建筑构造部件，例如梯段、梯梁、楼梯平台板、各层楼板、门窗、入口雨篷等。

3）未剖切到但在投影方向可见的楼梯间建筑构造部件，例如栏杆、门窗等。

4）水平方向的尺寸：各层梯段长度尺寸、楼梯平台（中间平台和楼层平台）尺寸及其与轴线关系尺寸。各梯段长度尺寸标注一般采用表达方式为，踏步宽度×（踏步级数−1）＝梯段长度尺寸

5）高度方向的尺寸：层间高度；各梯段高度尺寸，一般采用表达方式为，踏步高度×踏步级数＝梯段高度尺寸。

6）主要部位标高：室外地面、室内一层地面、各层楼面、各层楼梯平台面等的标高。

7）主要建筑构件做法索引，例如栏杆等。

3. 节点详图

节点详图主要有踏步节点详图、栏杆节点详图等。踏步节点详图表达踏步面层构造层次、材料、厚度、防滑条做法等。栏杆节点详图表达栏杆高度、间距、材料等做法。

3.6.3　建筑详图的图示要求

建筑详图的常用比例是1∶50，1∶20，1∶10，1∶5等，必要时可用比例是1∶2，1∶1等。一般楼梯平面图、楼梯剖面图、卫生间平面图等比例为1∶50，墙身节点详图、雨篷节点详图等比例为1∶20，栏杆节点详图比例为1∶10等，踏步节点详图比例为1∶5。

建筑详图的图线、图例、标注等图示要求按照不同图示方法，分别与建筑平面图、建筑立面图、建筑剖面图的图示要求相同。

注意，楼梯平面图各层被剖切到的梯段，均在平面图中以45°细折断线表示其断开位

置，在每一梯段处画带有箭头的指示线，并注写"上"或"下"字样。图例画法详见"单元 1 的子单元 2 建筑制图知识"相关内容。

3.6.4　建筑详图识图示例

识读建筑详图，必须结合该详图有关的建筑设计总说明、建筑平面图、建筑立面图、建筑剖面图等图纸，相互对照。我们先以××高中教学楼的楼梯详图（见图 3-14、图 3-15、图 3-16、图 3-17）为例进行局部构造详图的识图介绍。

1）查看图名及楼梯编号，与建筑平面图对照，明确楼梯位置，核对走向标注是否一致。

2）查看楼面平面图，明确各梯段及楼梯平台（中间平台和楼层平台）的起始位置、尺寸。

3）与楼梯平面图对照，确定楼梯剖面图的剖切位置及投影方向。

4）查看楼梯剖面图，明确楼梯层数、踏步宽度、高度、级数及净高尺寸等。

5）结合楼梯平面图、楼梯剖面图，查看踏步、栏杆等节点详图，明确构造做法。

我们再以××高中教学楼的节点详图（图 3-18、图 3-19）为例进行建筑构件节点详图的识图介绍。

节点详图需结合索引该节点的建筑平面图、立面图等一起仔细识读，才能明确建筑节点的位置，掌握节点的构造、尺寸、材料等做法要求。

知 识 链 接

1. 防护栏杆

阳台、外廊、室内回廊、内天井、上人屋面及室外楼梯等临空处应设置防护栏杆，并应符合下列规定：

1）栏杆应以坚固、耐久的材料制作，并能承受规范规定的水平荷载。

2）临空高度在 24m 以下时，栏杆高度不应低于 1.05m，临空高度在 24m 及 24m 以上（包括中高层住宅）时，栏杆高度不应低于 1.10m。

注：栏杆高度应从楼地面或屋面至栏杆扶手顶面垂直高度计算，如底部有宽度大于或等于 0.22m，且高度低于或等于 0.45m 的可踏部位，应从可踏部位顶面起计算。

3）栏杆离楼面或屋面 0.10m 高度内不宜留空。

4）住宅、托儿所、幼儿园、中小学及少年儿童专用活动场所的栏杆必须采用防止少年儿童攀登的构造，当采用垂直杆件做栏杆时，其杆件净距不应大于 0.11m。

5）文化娱乐建筑、商业服务建筑、体育建筑、园林景观建筑等允许少年儿童进入活动的场所，当采用垂直杆件做栏杆时，其杆件净距也不应大于 0.11m。

2. 窗台高度

开向公共走道的窗扇，其窗台底面高度不应低于 2m。

住宅窗台低于 0.90m 时，应采取防护措施；低窗台，凸窗等下部有能上人站立的宽窗台面时，贴窗护栏或固定窗的防护高度应从窗台面起计算。

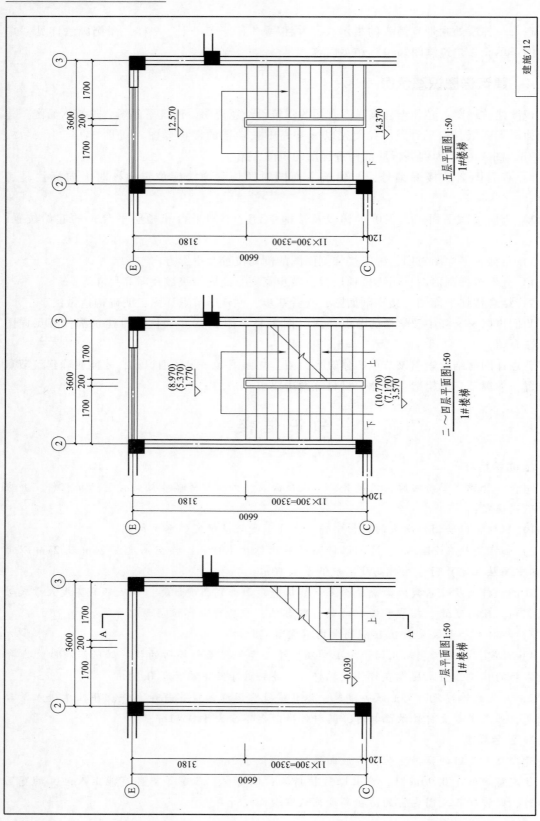

图 3-14 1#楼梯详图（一）

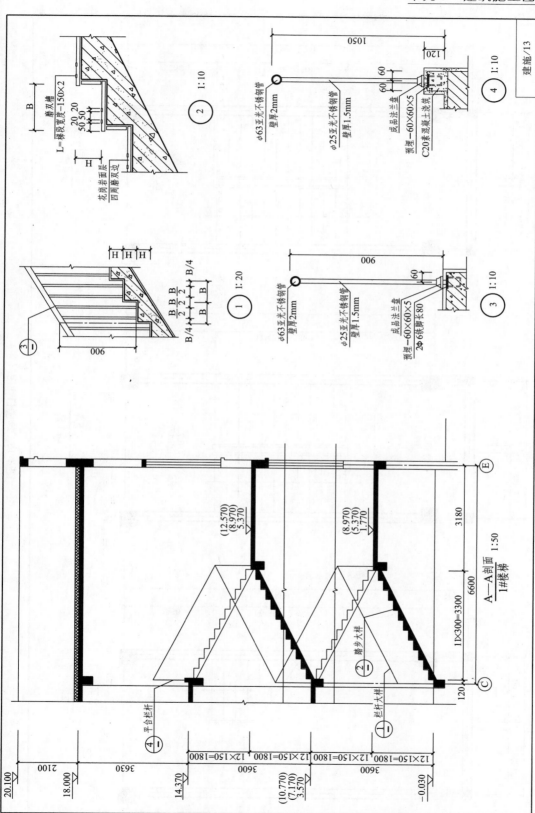

图 3-15　1#楼梯详图（二）

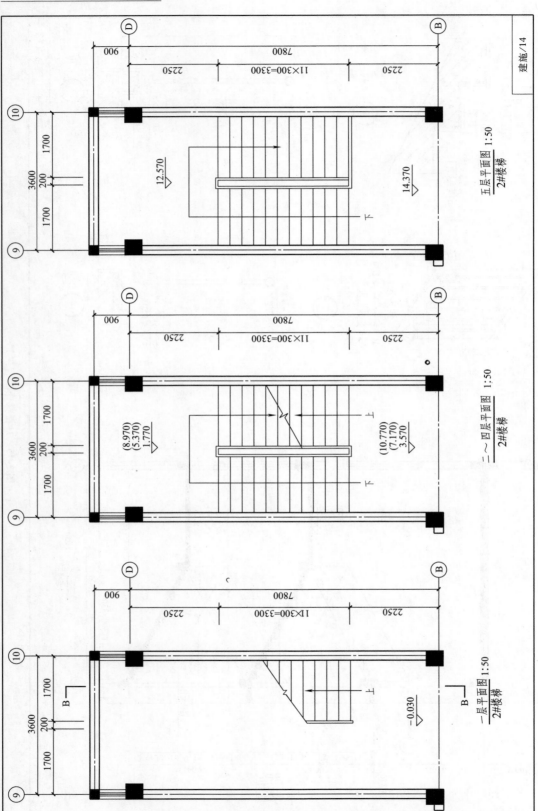

图 3-16　2#楼梯详图（一）

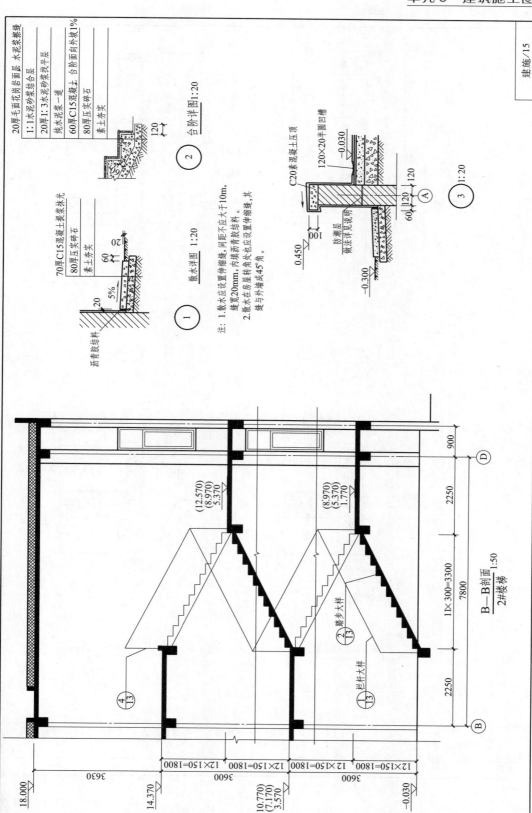

20厚毛面花岗岩面层 水泥浆粘缝
1:1水泥砂浆结合层
20厚1:3水泥砂浆找平层
纯水泥浆一道
60厚C15混凝土 台阶面向外坡1%
80厚压实碎石
素土夯实

② 台阶详图1:20

70厚C15混凝土 裝浆抹光
80厚压实碎石
素土夯实

沥青胶结料

① 散水详图 1:20

注：1. 散水应设置伸缩缝，间距不应大于10m，
缝宽20mm，内填沥青胶结料。
2. 散水在房屋转角处也应设置伸缩缝，其
缝与外墙转角成45°角。

C20素混凝土压顶
120×20半圆凹槽
-0.030
C20素混凝土压顶
-0.300
防潮层
做法详见说明
-0.030

③ 1:20

B—B剖面 1:50
2#楼梯

图3-17 2#楼梯详图（二）

— 221 —

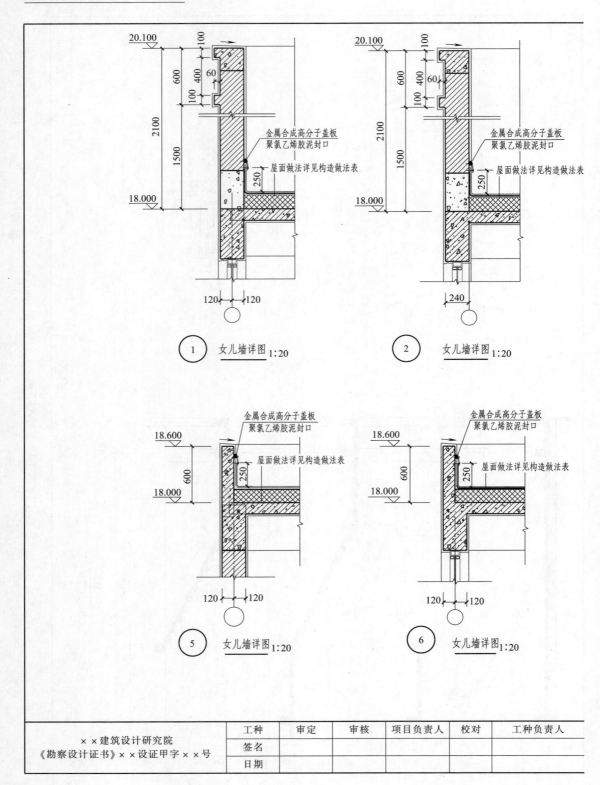

金属合成高分子盖板
聚氯乙烯胶泥封口
屋面做法详见构造做法表

① 女儿墙详图 1:20

② 女儿墙详图 1:20

⑤ 女儿墙详图 1:20

⑥ 女儿墙详图 1:20

××建筑设计研究院 《勘察设计证书》××设证甲字××号	工种	审定	审核	项目负责人	校对	工种负责人
	签名					
	日期					

图3-18　节点

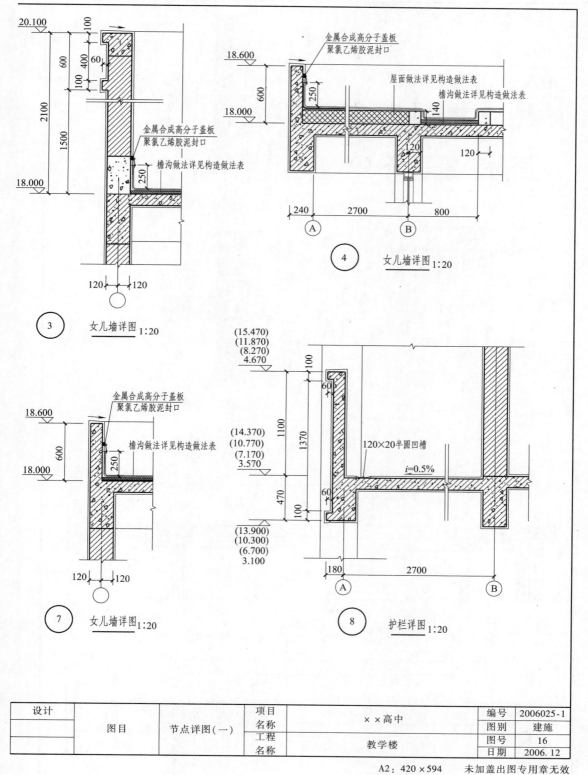

3　女儿墙详图 1:20

4　女儿墙详图 1:20

7　女儿墙详图 1:20

8　护栏详图 1:20

金属合成高分子盖板
聚氯乙烯胶泥封口
檐沟做法详见构造做法表

金属合成高分子盖板
聚氯乙烯胶泥封口
屋面做法详见构造做法表
檐沟做法详见构造做法表

金属合成高分子盖板
聚氯乙烯胶泥封口
檐沟做法详见构造做法表

120×20半圆凹槽

i=0.5%

设计		图目	节点详图（一）	项目名称	××高中	编号	2006025-1
				工程名称	教学楼	图别	建施
						图号	16
						日期	2006.12

A2：420×594　　未加盖出图专用章无效

详图（一）

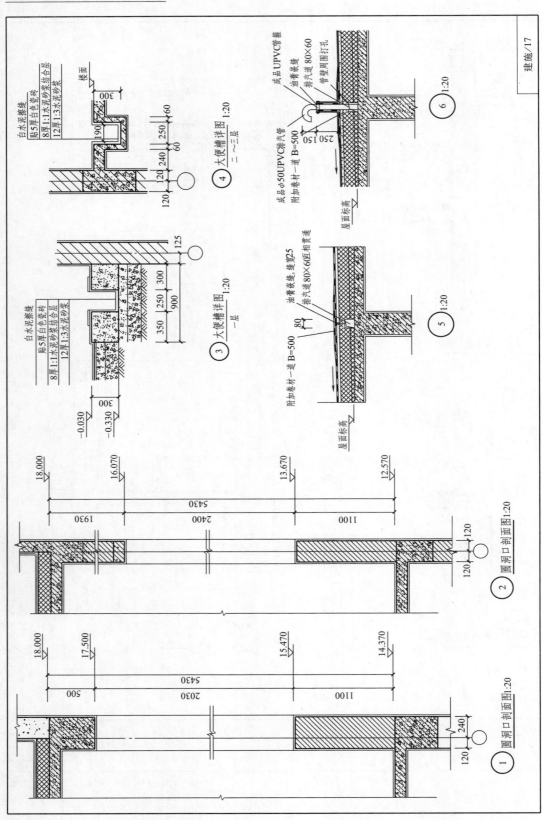

图 3-19　节点详图（二）

子单元小结

子项	知 识 要 点	能 力 要 点
建筑详图形成及作用	1. 建筑详图的形成 2. 建筑详图的作用	
建筑详图图示内容	1. 建筑详图可分为局部构造详图和建筑构件节点详图两类 2. 以楼梯详图为例,绘制内容包含:楼梯平面图、楼梯剖面图、节点详图	能结合建筑设计总说明、建筑平面图、立面图、剖面图,正确识读建筑详图的图示内容,理解设计意图,按图施工
建筑详图图示要求	1. 建筑详图的常用绘制比例 2. 建筑详图的图线制图标准 3. 建筑详图的标准图例 4. 建筑详图中的标注:尺寸和标高	能按照制图标准和图示要求,正确绘制简单的建筑详图

思考与拓展题

1. 了解有关楼梯的强制性条文内容。
2. 屋面采用倒置式做法时,保温层需要设置排汽道吗?

单元4 基本训练

子单元1 建筑施工图的绘制

4.1.1 建筑平面图的绘制

训练目的：熟悉建筑平面图的图示内容、图示要求，掌握建筑平面图的绘制方法、绘制步骤。

能力目标：1. 能熟练掌握建筑平面图上要表达的建筑信息及各种图例的表示方法。

2. 能按照建筑制图规范，正确绘制建筑平面图。

背景资料：某别墅一层平面图（图4-1）。

训练工具：图板，三角板，一字尺，3号绘图纸，比例尺，2H、HB、2B铅笔，橡皮，模板，胶带纸。

训练内容：根据建筑平面图的绘图步骤，正确绘制平面图（图4-1）。

训练步骤：1. 选比例、定图幅，进行图面布局。

2. 先画底图（2H铅笔）：

1）绘制定位轴线。

2）绘制墙身、柱断面。

3）按照门窗图例绘制门窗。

4）绘制楼梯，绘制台阶、散水等细部构造。

5）标注定位轴线、尺寸、标高，注写门窗编号。

6）注写文字，如房间名、索引符号、图名、比例等。

3. 加深加粗图线（HB、2B铅笔）：将多余线条擦除后，用HB、2B铅笔按照制图规范加深加粗线条，完成平面图的绘制。

能力评价：根据图样绘制的完成情况，分为四个等级：

1. 优秀

1）能在规定的时间内完成任务。

2）图线粗细、线型、尺寸标注等符合制图规范。

3）图例表达正确。

4）比例正确。

5）图样布局合理，图面整洁，线条美观。

2. 良好

1）能在规定的时间内完成任务。

2）图线粗细、线型、尺寸标注等符合制图规范。

3）图例表达正确。

4）比例正确。

5）图样布局合理，图面较整洁。

3．合格

1）基本上能在规定的时间内完成任务。

2）图线粗细、线型、尺寸标注等基本符合制图规范。

3）图例表达基本正确。

4）比例基本正确。

5）图样布局基本合理。

4．不合格

1）不能在规定的时间内完成任务。

2）图线粗细、线型、尺寸标注等不符合制图规范。

3）图例表达基本不正确。

4）比例不正确。

5）图样布局不合理。

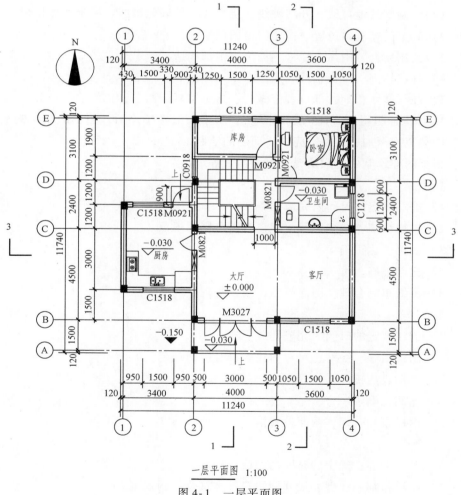

一层平面图　1:100

图 4-1　一层平面图

4.1.2　建筑立面图的绘制

训练目的： 熟悉建筑立面图的图示内容、图示要求，掌握建筑立面图的绘制方法、绘制步骤。

能力目标： 1. 能熟练掌握建筑立面图上要表达的建筑信息及各种图例的表示方法。

2. 能按照建筑制图规范，正确绘制建筑立面图。

背景资料： 某别墅南立面图（图4-2）。

训练工具： 图板，三角板，一字尺，3号绘图纸，比例尺，2H、HB、2B铅笔，橡皮，模板，胶带纸。

训练内容： 根据建筑立面图的绘图步骤，正确绘制立面图（图4-2）。

训练步骤： 1. 选比例、定图幅，进行图面布局。

2. 先画底图（2H铅笔）：

1）绘制室外地坪线、开间轴线、层高线、外墙轮廓线、屋顶或檐口线。

2）确定门窗洞口位置，按照门窗图例绘制门窗。

3）绘制窗台、雨篷、栏杆、檐沟等细部构造。

4）标注标高、定位轴线、尺寸。

5）注写文字，如各部位装修做法、索引符号、图名、比例等。

3. 加深加粗图线（HB、2B铅笔）：将多余线条擦除后，用HB、2B铅笔按照制图规范加深加粗线条，完成立面图的绘制。

能力评价： 根据图样绘制的完成情况，分为四个等级：

1. 优秀

1）能在规定的时间内完成任务。

2）图线粗细、线型、尺寸标注等符合制图规范。

3）图例表达正确。

4）比例正确。

5）图纸布局合理，图面整洁，线条美观。

2. 良好

1）能在规定的时间内完成任务。

2）图线粗细、线型、尺寸标注等符合制图规范。

3）图例表达正确。

4）比例正确。

5）图样布局合理，图面较整洁。

3. 合格

1）基本上能在规定的时间内完成任务。

2）图线粗细、线型、尺寸标注等基本符合制图规范。

3）图例表达基本正确。

4）比例基本正确。

5）图样布局基本合理。

4. 不合格

1）不能在规定的时间内完成任务。

2）图线粗细、线型、尺寸标注等不符合制图规范。

3）图例表达基本不正确。

4）比例不正确。

5）图样布局不合理。

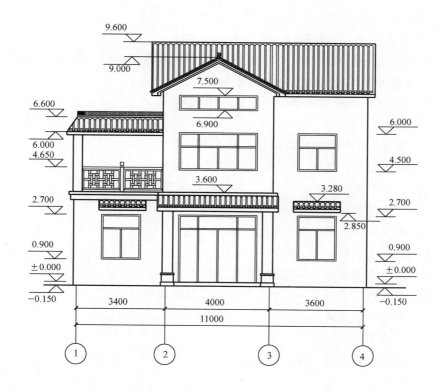

南立面图 1:100

图 4-2   南立面图

4.1.3   建筑剖面图的绘制

训练目的：熟悉建筑剖面图的图示内容、图示要求，掌握建筑剖面图的绘制方法、绘制步骤。

能力目标：1. 能熟练掌握建筑剖面图上要表达的建筑信息及各种图例的表示方法。

2. 能按照建筑制图规范，正确绘制建筑剖面图。

背景资料：某别墅 2-2 剖面图（图 4-3）。

训练工具：图板，三角板，一字尺，3 号绘图纸，比例尺，2H、HB、2B 铅笔，橡皮，模板，胶带纸。

训练内容：根据建筑剖面图的绘图步骤，正确绘制剖面图（图4-3）。

训练步骤：1. 选比例、定图幅，进行图面布局。

2. 先画底图（2H铅笔）：

1）绘制定位轴线、室内外地坪线、层高线。

2）绘制墙体，确定楼地面、屋面厚度并绘制。

3）确定门窗洞口位置，按照门窗图例绘制门窗。

4）绘制可见构配件及相应材料图例。

5）标注定位轴线、尺寸、标高。

6）注写文字，如索引符号、图名、比例等。

3. 加深加粗图线（HB、2B铅笔）：将多余线条擦除后，用HB、2B铅笔按照制图规范加深加粗线条，完成立面图的绘制。

能力评价：根据图样绘制的完成情况，分为四个等级：

1. 优秀

1）能在规定的时间内完成任务。

2）图线粗细、线型、尺寸标注等符合制图规范。

3）图例表达正确。

4）比例正确。

5）图样布局合理，图面整洁，线条美观。

2. 良好

1）能在规定的时间内完成任务。

2）图线粗细、线型、尺寸标注等符合制图规范。

3）图例表达正确。

4）比例正确。

5）图样布局合理，图面较整洁。

3. 合格

1）基本上能在规定的时间内完成任务。

2）图线粗细、线型、尺寸标注等基本符合制图规范。

3）图例表达基本正确。

4）比例基本正确。

5）图样布局基本合理。

4. 不合格

1）不能在规定的时间内完成任务。

2）图线粗细、线型、尺寸标注等不符合制图规范。

3）图例表达基本不正确。

4）比例不正确。

5）图样布局不合理。

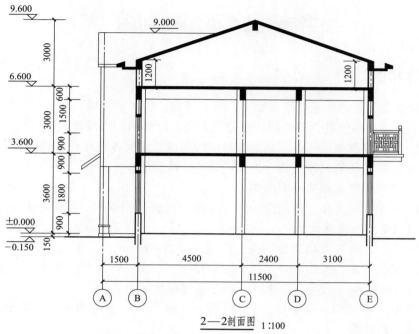

2—2剖面图 1:100

图 4-3　2—2 剖面图

子单元2 建筑构造设计

4.2.1 墙体构造

训练目的： 墙体是建筑物的重要组成部分，具有承重、围护、分隔的作用。通过本训练，使学生掌握墙体各个部位的构造处理方法，能够用图样准确表达。

能力目标： 1. 能熟练掌握墙体由下至上各部位的构造做法及各种材料图例的表示方法。

2. 能按照建筑制图规范，正确绘制墙体构造图。

3. 会查阅建筑构造标准图集。

背景资料： 1. 某学生宿舍楼，剖面图如图4-4所示。根据剖面图，绘制出其中E轴线二层及以下墙身大样。

2. 内、外墙厚度均为240mm，室内外高差300mm。

3. 墙上设窗，采用钢筋混凝土现浇楼板，门窗材料自定。墙与窗均有保温要求。

4. 墙面装修、楼地面、散水、踢脚板等做法可自定。

训练工具： 图板，三角板，一字尺，3号绘图纸，比例尺，2H、HB、2B铅笔，橡皮，模板，胶带纸。

训练内容： 完成二层楼面以下三个墙身节点详图，即墙脚、窗台处、过梁（或框架梁）和楼板层节点详图，比例为1:20。要求按照顺序将节点①、②、③从下到上布置在同一条垂直线上，共用一条轴线及编号。

训练步骤： 三个墙身节点详图的绘制步骤如下。

节点①外墙墙脚部分：

1）绘制定位轴线及编号圆圈。

2）绘制墙身、踢脚、勒脚，应注明尺寸及构造做法，并绘出材料图例。

3）绘制水平防潮层，注明材料和做法，注明防潮层标高。

4）绘制散水和室外地面，用多层构造引出线标注其材料、厚度、做法；绘制材料图例；标注散水宽度、坡向和坡度值；标注室外地面标高；绘出并注明散水与勒脚之间的变形缝构造处理。

5）绘制室内地面构造，用多层构造引出线标注其材料、厚度、做法；绘制材料图例；标注室内地面标高。

6）绘制保温墙面内外装修的厚度及材料，注明做法。

7）标注详图编号及比例。

节点②外墙窗台部位：

1）绘制墙面及抹灰部分（画法同节点①）。

2）绘制室内外窗台的细部构造，表示出窗台的材料和做法；标注窗台的厚度、宽度、坡向和坡度值；标注窗台顶面标高（是否设置窗台板可自行决定）。

3）绘制窗框轮廓线，不要求绘制细部。（可以参照教材或图集绘窗框，要求将窗框与窗台或窗台板的连接构造表示清楚，要求采用窗的保温做法。）

4）标注详图编号及比例。

节点③外墙过梁或框架梁与楼板层构造：

1) 绘制墙面及抹灰部分（画法同节点①）。

2) 绘制窗上框截面，不要求绘制细部（要求将窗框与框架梁或窗楣的连接构造表示清楚）。

3) 绘制钢筋混凝土框架梁（过梁）的细部构造，绘制材料图例，标注尺寸，标注梁底标高。

4) 绘制楼板层，用多层构造引出线标注各层材料、厚度、做法；绘制材料图例；标注楼面标高。

5) 画出楼面踢脚，画法同节点①。

6) 标注详图编号及比例。

能力评价：根据图样绘制的完成情况，分为四个等级：

1. 优秀

1) 能在规定的时间内完成任务。

2) 各部位构造做法准确无误。

3) 材料图例表达正确。

4) 比例正确。

5) 图线粗细、线型、尺寸标注等符合制图规范。

6) 图样布局合理，图面整洁，线条美观。

2. 良好

1) 能在规定的时间内完成任务。

2) 各部位构造做法基本准确无误。

3) 材料图例表达正确。

4) 比例正确。

5) 图线粗细、线型、尺寸标注等符合制图规范。

6) 图样布局合理，图面较整洁。

3. 合格

1) 基本上能在规定的时间内完成任务。

2) 各部位构造做法基本准确。

3) 材料图例表达基本正确。

4) 比例基本正确。

5) 图线粗细、线型、尺寸标注等基本符合制图规范。

6) 图样布局基本合理。

4. 不合格

1) 不能在规定的时间内完成任务。

2) 各部位构造做法不准确。

3) 材料图例表达基本不正确。

4) 比例不正确。

5) 图线粗细、线型、尺寸标注等不符合制图规范。

6) 图样布局不合理。

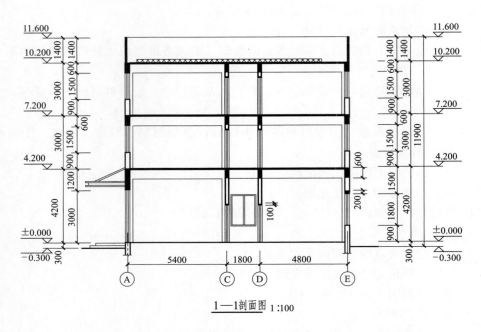

1—1剖面图 1:100

图 4-4　1—1 剖面图（某学生宿舍楼）

4.2.2　屋顶排水节点构造

训练目的：通过本练习，使学生熟练掌握屋顶细部构造，训练绘制和识读屋面施工图的
　　　　　　能力。

能力目标：1. 能熟练掌握屋顶的构造层次和排水方式以及各种防水、保温、隔热的构造做
　　　　　　法，女儿墙泛水及屋脊分水线、分仓缝等做法。

　　　　　　2. 能按照建筑制图规范，正确绘制屋顶构造图。

　　　　　　3. 会查阅相关的建筑标准图集。

背景资料：已知某学生宿舍楼，高 6 层，层高 2.8m，屋顶层平面布置详图如图 4-5 所示，
　　　　　　屋顶平面结构标高为 16.800m，女儿墙厚度为 240mm，要求采用保温屋面。

训练工具：图板，三角板，一字尺，3 号绘图纸，比例尺，2H、HB、2B 铅笔，橡皮，模
　　　　　　板，胶带纸。

训练内容：完成四个屋顶节点详图，即檐沟节点详图、女儿墙处泛水节点详图、雨水口节点
　　　　　　详图、分仓缝节点详图，比例自定。

训练步骤：三个屋顶节点详图的绘制步骤如下。

　　　　　　节点①檐沟节点详图：

　　　　　　1）绘制定位轴线及编号圆圈。

　　　　　　2）绘墙身、檐沟板、屋面板、屋顶各层构造、檐口处的防水处理，以及檐沟板
　　　　　　与屋面板、墙、圈梁或梁的关系，标注檐沟尺寸，注明檐沟饰面层的做法和防水
　　　　　　收头的构造做法。用多层构造引出线标注檐沟及屋顶各层材料、厚度、做法；绘
　　　　　　出材料图例；标注屋面标高。

3）在平面图上标注索引符号及编号。

4）标注详图符号及比例。

节点②女儿墙泛水节点详图：

1）绘制定位轴线及编号圆圈。

2）绘制女儿墙及其与屋面相接处的连接构造，表示清楚屋面各层构造和泛水构造，注明构造做法，标注泛水高度等有关尺寸。

3）在平面图上标注索引符号及编号。

4）标注详图符号及比例。

节点③雨水口节点详图：

1）表示清楚雨水口的材料、形式、雨水口处的防水处理，注明细部做法，标注雨水口等有关尺寸。

2）标注图名及比例。

能力评价：根据图纸绘制的完成情况，分为四个等级：

1. 优秀

1）能在规定的时间内完成任务。

2）各部位材料及做法、尺寸准确无误。

3）所绘比例与标注比例一致。

4）图线粗细、线型、尺寸标注等符合制图规范。

5）图样布局合理，图面整洁，线条美观。

2. 良好

1）能在规定的时间内完成任务。

2）各部位材料及做法、尺寸基本准确无误。

3）所绘比例与标注比例一致。

4）图线粗细、线型、尺寸标注等符合制图规范。

5）图样布局合理，图面整洁。

3. 合格

1）基本能在规定的时间内完成任务。

2）各部位材料及做法、尺寸基本准确无误。

3）所绘比例与标注比例基本一致。

4）图线粗细、线型、尺寸标注等基本符合制图规范。

5）图样布局基本合理。

4. 不合格

1）不能在规定的时间内完成任务。

2）各部位材料及做法、尺寸不准确。

3）所绘比例与标注比例不一致。

4）图线粗细、线型、尺寸标注等不符合制图规范。

5）图样布局不合理。

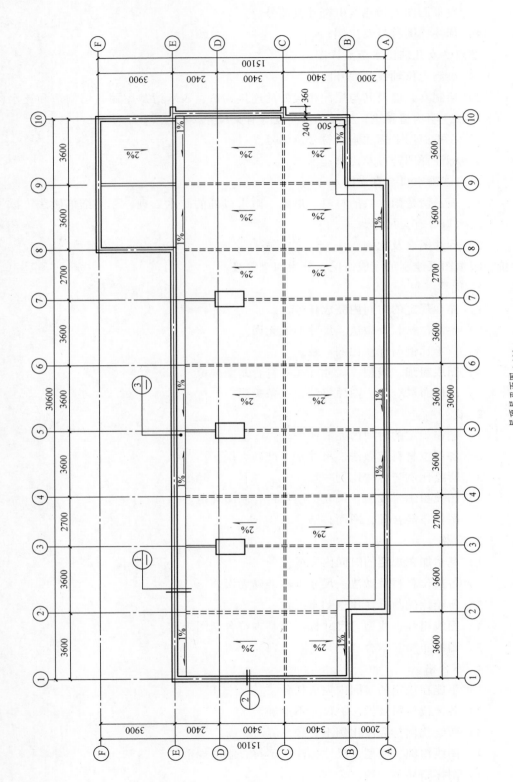

图 4-5　屋顶层平面图

4.2.3　楼梯构造

训练目的：楼梯是联系建筑上下层的垂直交通设施。通过本训练，使学生巩固并掌握有关楼梯的组成、楼梯尺寸的设计要求、规范规定及强制性条文规定；熟悉楼梯施工图的表达方式与内容。

能力目标：1. 能根据设计要求及建筑（有关楼梯部分）强制性条文规定，选择正确的楼梯尺寸。

2. 能按照建筑制图规范，正确绘制楼梯图。

3. 会查阅建筑楼梯标准图集。

背景资料：已知某住宅，采用现浇钢筋混凝土板式楼梯，层高为 2.8m，楼梯开间为 2.7m，进深 5.4m，墙体均为 240mm，轴线居中。请完善并标注图 4-6、图 4-7 中尺寸，并将其抄绘至绘图纸上，在绘图纸上再绘制出楼梯踏步构造节点详图。

训练工具：图板，三角板，一字尺，3 号绘图纸，比例尺，2H、HB、2B 铅笔，橡皮，模板，胶带纸。

训练内容：1. 按补充完善的尺寸以 1:50 的比例绘制楼梯标准层平面图。

2. 按补充完善的尺寸以 1:50 的比例绘制楼梯局部剖面图。

3. 查阅有关标准图集，绘制踏步构造节点详图，要求绘制出栏杆与踏步的连接做法、踏步面层做法及踏步的防滑处理，绘出材料图例。绘图比例为 1:5。

训练步骤：先绘制平面图，再绘制剖面图，最后绘制节点详图，绘制步骤分别如下所述。

平面图：

1）布局，绘制轴线。

2）绘制墙线、柱子位置。

3）确定休息平台宽度和梯段长度。

4）绘制梯井、栏杆及梯段踏步数。

5）绘制门、窗。

6）绘制梯段上、下符号，标注平台标高。

7）标注尺寸、定位轴线编号。

8）标注 1—1 剖面符号。

9）填充材料图例。

10）注写图名、比例。

11）校核后将剖切到的线条加粗，并涂黑柱子。

剖面图：

1）布局，确定定位轴线及平台标高线。

2）确定休息平台宽度。

3）根据踏步的宽度和高度打方格网。

4）连接踏步线。

5）擦去多余方格网线，根据梯段长度确定梯板厚度。

6）绘制楼层梁、梯梁、楼层平台及休息平台。

7）绘制墙体、窗线、栏杆及投影线。

8）填充材料图例。

9）标注尺寸、标高。

10）注写图名、比例。

11）校核后将剖切到的线条加粗。

节点详图绘图步骤参考4.2.1和4.2.4，此处略。

能力评价：根据图纸绘制的完成情况，分为四个等级：

1. 优秀

1）能在规定的时间内完成任务。

2）各部位尺寸准确无误。

3）踏步构造做法及材料图例表达正确。

4）比例正确。

5）图线粗细、线型、尺寸标注等符合制图规范。

6）图样布局合理，图面整洁，线条美观。

2. 良好

1）能在规定的时间内完成任务。

2）各部位尺寸基本准确。

3）踏步构造做法及材料图例表达基本正确。

4）比例正确。

5）图线粗细、线型、尺寸标注等符合制图规范。

6）图样布局合理，图面较整洁。

3. 合格

1）基本上能在规定的时间内完成任务。

2）各部位尺寸基本准确。

3）踏步构造做法及材料图例表达基本正确。

4）比例基本正确。

5）图线粗细、线型、尺寸标注等基本符合制图规范。

6）图样布局基本合理。

4. 不合格

1）不能在规定的时间内完成任务。

2）各部位尺寸基本不准确。

3）踏步构造做法及材料图例表达不正确。

4）比例不正确。

5）图线粗细、线型、尺寸标注等不符合制图规范。

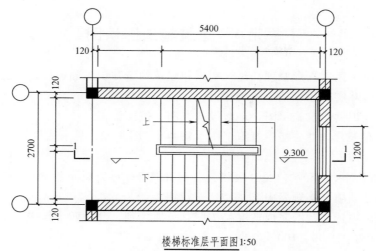

楼梯标准层平面图1:50

图 4-6　楼梯标准层平面图

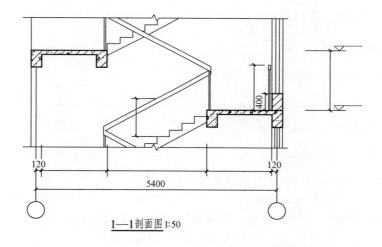

1—1剖面图1:50

图 4-7　1—1 剖面图（某住宅楼梯）

知 识 链 接

1）梯段宽度：每股人流宽度为 550mm + (0 ~ 150)mm，一般不应少于两股人流。住宅最小宽度为 1100mm。

2）楼梯常见坡度：23° ~ 45°，适宜的坡度为 30°左右。

3）踢面高度与踏面宽度之和与人的跨步长度有关。按以下公式计算踏步尺寸：$2h + b = 600 ~ 620mm$

4）常用住宅楼梯踏步最小宽度和最大高度：$b \geqslant 260mm$，$h \leqslant 175mm$。

5）平台宽度：中间平台应不小于梯段宽度，并不得小于 1.2m，以保证能通行和梯段同样股数的人流。楼层平台应区别不同的楼梯形式而定，但不小于中间平台梯段宽度。

6）梯井宽度：60mm≤住宅梯井宽度≤110mm。

子单元 3　建筑施工图识图

训练目的： 训练学生运用投影原理，建筑制图和建筑构造知识正确识读建筑施工图，培养学生理解并实施建筑施工图的能力。

能力目标： 能正确识读建筑施工图，理解设计意图，按图施工。

背景资料： ××有限公司办公楼建筑施工图（图 4-8 ～ 图 4-22，见书后插页）。

训练工具： 铅笔、橡皮

训练内容： 先识读"××有限公司办公楼建筑施工图"，再完成下述 40 个单项选择题，将正确选项填在答题表中。

能力评价： 根据单项选择题的完成情况，按照总分值评判，分为四个等级。

1）优秀：　90 ～ 100 分

2）良好：　75 ～ 89 分

3）合格：　60 ～ 74 分

4）不合格：60 分以下

4.3.1　"建筑设计说明"识图

单项选择题共 10 题，每题 2.5 分，共 25 分。

答题表　　　　　　　　　　　　合计得分：

试题序号	1	2	3	4	5	6	7	8	9	10
答案										

1. 本工程中室内标高 3.900m，相当于绝对标高（　　　）。

A. 3.900m　　　　B. 6.000m　　　　C. 0.000m　　　　D. 9.900m

2. 本工程设计图样中，下列哪项一般以毫米为单位（　　　）。

A. 标高　　　　　　　　　　　B. 总平面图尺寸

C. 必须特别说明的标注尺寸　　　D. 图中未做说明的标注尺寸

3. MU 是下列哪种建筑材料的强度等级符号（　　　）。

A. 混凝土　　　　B. 砖　　　　C. 砌筑砂浆　　　　D. 石灰

4. 本工程中所有卫生间地面做法为（　　　）。

A. 与周围房间地面平齐　　　　　B. 比周围房间地面低 30mm

C. 比周围房间地面高 30mm　　　　D. 图样中未提及

5. 下列哪种图纸不属于建筑施工图（　　　）。

A. 建筑详图　　　B. 建筑平面图　　　C. 基础平面图　　　D. 屋顶平面图

6. 门 7M1524 在本建筑物中的用量为（　　　）。

A. 7　　　　　　　B. 15　　　　　　C. 2　　　　　　D. 24

7. 铝合金窗 TSC1815 所在的窗洞口高度尺寸是（　　　）。

A. 1800mm　　　　B. 1500mm　　　　C. 900mm　　　　D. 图样中未提及

8. 三层平面图图号为（　　　）。

A. 建施-1　　　　B. 建施-2　　　　C. 建施-3　　　　D. 5号

9. 建设用地范围内单幢或多幢建筑物地面以上及地面以下各层面积之总和称之为（　　）。

A. 总建筑面积　　　B. 建筑面积　　　C. 占地面积　　　D. 实用面积

10. 本工程中，铝合金窗的位置一般是（　　）。

A. 与外墙平　　　B. 与内墙平　　　C. 居墙中　　　D. 图样中未提及

4.3.2 "建筑平面图、立面图、剖面图"识图

单项选择题共20题，每题2.5分，共50分。

答题表　　　　　　　　　　　　　　　合计得分：

试题序号	1	2	3	4	5	6	7	8	9	10
答案										
试题序号	11	12	13	14	15	16	17	18	19	20
答案										

1. 一般建筑平面图常用比例为（　　）。

A. 1:100　　　B. 1:20　　　C. 1:500　　　D. 1:1000

2. 由建施—1剖切符号可知，剖切平面1—1的投射方向是向（　　）。

A. 东　　　B. 南　　　C. 西　　　D. 北

3. 本工程散水详图位于（　　）。

A. 建施-1　　　B. 建施-2　　　C. 建施-9　　　D. 建施-10

4. 建施-1侧门台阶处详图是该详图所在图纸的（　　）号详图。

A. 1　　　B. 10　　　C. 11　　　D. 2

5. 建筑平面图中，我们一般用符号"M"表达下列哪种构件（　　）。

A. 台阶　　　B. 门　　　C. 坡道　　　D. 窗

6. 2#楼梯间开间是（　　）。

A. 6900　　　B. 4500　　　C. 4200　　　D. 8400

7. 一般尺寸标注中，尺寸起止符号用（　　）表示。

A. 细实线　　　B. 中实线　　　C. 粗实线　　　D. 细点画线

8. 本工程屋顶的形式是（　　）。

A. 平屋顶　　　B. 四坡屋顶　　　C. 双坡屋顶　　　D. 既有平屋顶又有坡屋顶

9. 本工程屋顶采用的排水方式是（　　）。

A. 无组织排水　　B. 外檐沟排水　　C. 内檐沟排水　　D. 外檐沟与内檐沟排水

10. 檐沟内的排水坡度是（　　）。

A. 1%　　　B. 2%　　　C. 3%　　　D. 5%

11. 本工程内走廊宽度为（　　）。

A. 2400　　　B. 1800　　　C. 1500　　　D. 4200

12. 本工程一层平面共有（　　）种类型的门。

A. 3　　　　　　B. 4　　　　　　C. 5　　　　　　D. 6

13. 本工程室外标高为（　　　）。

A. 0.450　　　　B. ±0.000　　　　C. −0.450　　　　D. −0.300

14. 本工程四层窗台距楼面高度为（　　　）mm。

A. 800　　　　　B. 1200　　　　　C. 1000　　　　　D. 900

15. 建筑物主入口大门门高（　　　）mm。

A. 2200　　　　B. 3000　　　　　C. 3300　　　　　D. 4200

16. 本工程女儿墙高（　　　）mm。

A. 900　　　　　B. 1200　　　　　C. 1500　　　　　D. 1800

17. 本工程二～四层层高为（　　　）m。

A. 3.900　　　　B. 3.600　　　　　C. 3.300　　　　D. 10.800

18. 东立面中共有（　　　）种不同型号的窗。

A. 1　　　　　　B. 2　　　　　　C. 3　　　　　　D. 4

19. 1-1剖面图中，Ⓓ～Ⓒ轴一层门的编号是（　　　）。

A. 3MZ0921　　B. 7M0924　　　C. 7M1524　　　D. 7M1521

20. 剖面图的剖切位置在（　　　）中。

A. 建施-1　　　B. 建施-2　　　　C. 建施-3　　　D. 建施-4

4.3.3　"建筑详图"识图

单项选择题共10题，每题2.5分，共25分。

<table>
<tr><td colspan="11" style="text-align:center">答题表　　　　　　　　　　合计得分：</td></tr>
<tr><td>试题序号</td><td>1</td><td>2</td><td>3</td><td>4</td><td>5</td><td>6</td><td>7</td><td>8</td><td>9</td><td>10</td></tr>
<tr><td>答案</td><td></td><td></td><td></td><td></td><td></td><td></td><td></td><td></td><td></td><td></td></tr>
</table>

1. 本工程楼梯栏杆采用（　　　）。

A. 方钢　　　　　B. 扁钢　　　　　C. 圆钢　　　　　D. 螺纹钢

2. 2#楼梯二至三层梯段栏杆高度为（　　　）mm。

A. 500　　　　　B. 700　　　　　　C. 900　　　　　D. 1050

3. 本工程楼梯踏步防滑处理是（　　　）。

A. 防滑凹槽　　B. 金刚砂防滑条　C. 铜质防滑条　D. 铸铁包口

4. 本工程楼梯踏步装饰面层是（　　　）。

A. 水泥砂浆　　B. 花岗岩　　　　C. 大理石　　　　D. 防滑地砖

5. 本工程楼梯扶手材料为（　　　）。

A. 铝合金扶手　B. 钢扶手　　　　C. 木扶手　　　　D. 钢筋混凝土扶手

6. 本工程1#楼梯标高5.700m处休息平台宽度为（　　　）mm。

A. 8400　　　　B. 2515　　　　　C. 2675　　　　　D. 2795

7. 本工程1#楼梯第三跑梯段踏步高度为（　　　）。

A. 150　　　　　B. 200　　　　　　C. 250　　　　　D. 280

8. 本工程 1#楼梯第一跑梯段有（　　）个踏步。

A. 10　　　　　　　B. 11　　　　　　　C. 12　　　　　　　D. 13

9. 本工程 1#楼梯第一跑梯段的梯段宽度为（　　）mm。

A. 1970　　　　　　B. 3940　　　　　　C. 3360　　　　　　D. 1950

10. 本工程屋面板采用（　　）。

A. 预制多孔板　　　B. 现浇空心板　　C. 压型钢板　　D. 现浇钢筋混凝土板

参 考 文 献

[1]   李元玲. 房屋建筑构造 [M]. 北京：清华大学出版社，2014.

[2]   魏松. 房屋建筑构造 [M]. 2 版. 北京：清华大学出版社，2018.

[3]   张艳芳. 房屋建筑构造与识图 [M]. 北京：中国建筑工业出版社，2017.

[4]   中华人民共和国住房和城乡建设部. 屋面工程技术规范：GB 50345—2012 [S]. 北京：中国建筑工业出版社，2012.

[5]   中华人民共和国住房和城乡建设部. 民用建筑设计统一标准：GB 50352—2019 [S]. 北京：中国建筑工业出版社，2019.

[6]   中华人民共和国住房和城乡建设部. 房屋建筑制图统一标准：GB/T 50001—2017 [S]. 北京：中国建筑工业出版社，2018.

[7]   中华人民共和国住房和城乡建设部. 建筑制图标准：GB/T 50104—2010 [S]. 北京：中国计划出版社，2011.

[8]   中华人民共和国住房和城乡建设部. 总图制图标准：GB/T 50103—2010 [S]. 北京：中国计划出版社，2011.